# All Voices from the Island

# 島嶼湧現的聲音

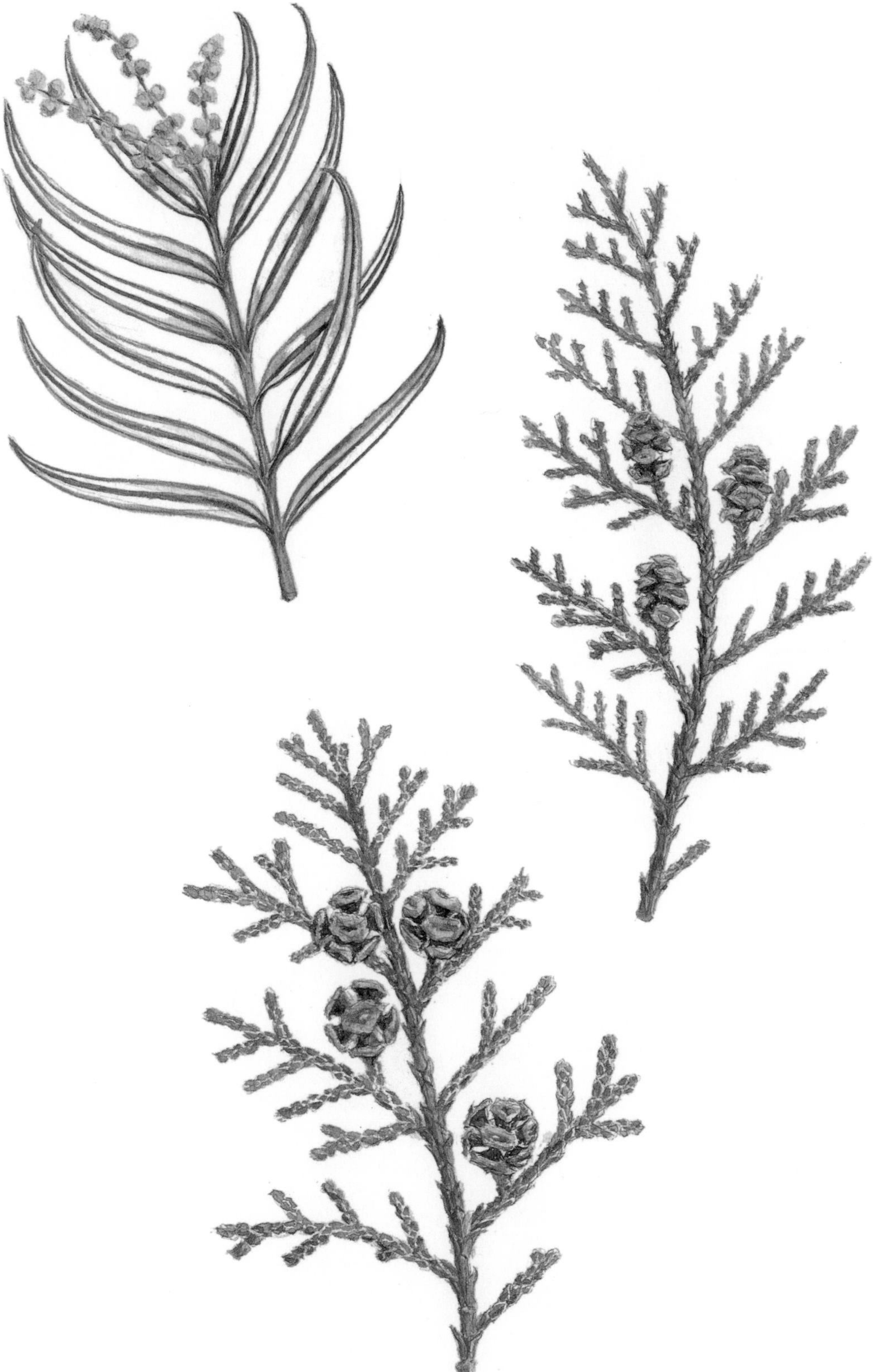

# 通往世界的植物

## 臺灣高山植物的時空旅史

游旨价◆著

# WORLDVIEWS

## The Origin and Journey of the Montane Plants in Taiwan

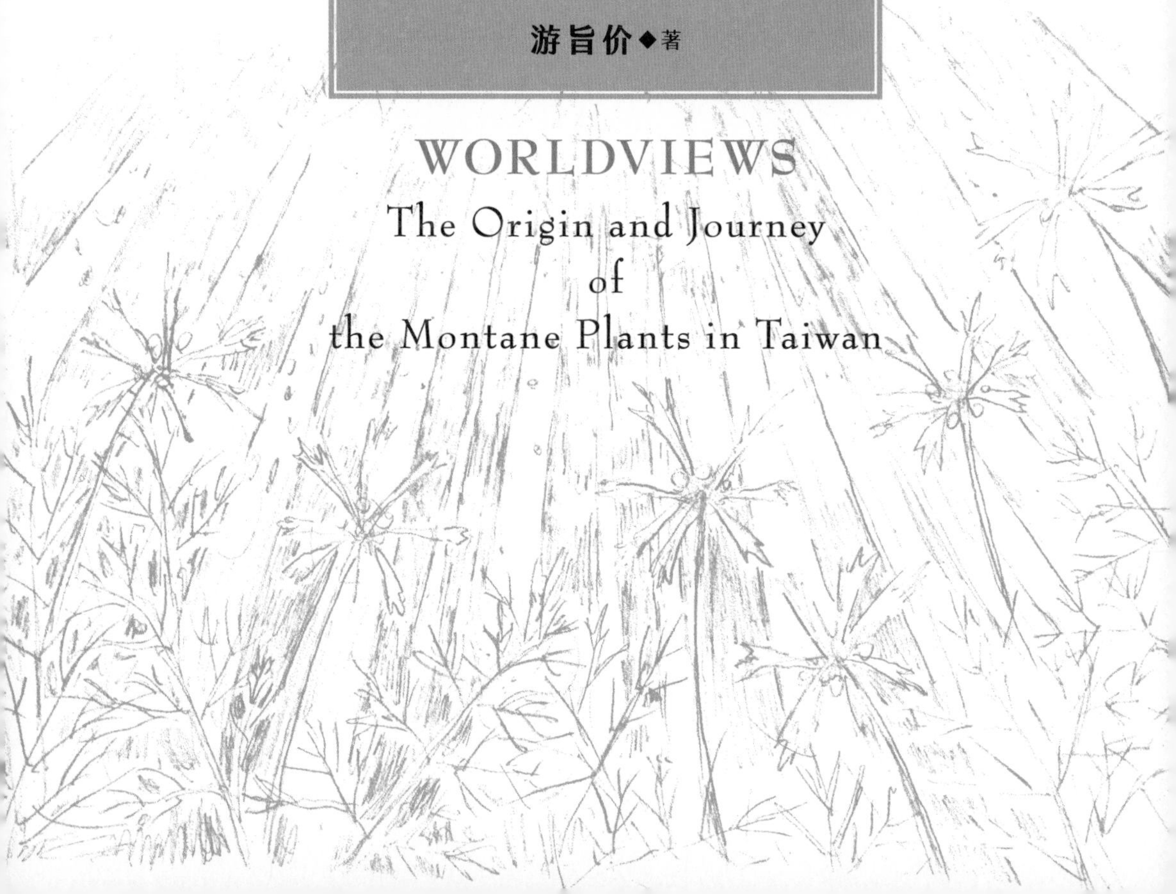

# 目錄

## 3 小檗之島 臺灣植物快速分化之謎 103



## 4 植物博覽會的臺灣代表 臺灣特有屬植物綜覽 135

# 推薦序
# 在學術中滋養的山林作家

**鍾國芳**
中央研究院生物多樣性研究中心
副研究員暨研究博物館主任、
臺灣大學森林環境暨資源學系兼任副教授

二〇〇七年底我即將結束博後開始在臺大森林系的教職前不久，收到系上B93游旨价同學寄來的email。大學事實上是主修登山系的旨价那時剛剛推甄上森林系的研究所，聽丁宗蘇老師說我博士論文是做高山植物研究的，所以想進我那還沒成立的研究室，研究臺灣高山的森林界線。

森林界線是陸域生態系中最極端的分際線，區隔了以喬木為優勢的森林植群與由低矮的草花灌木組成的高寒生態系（alpine ecosystem）。以全球的尺度俯視，森林界線的海拔隨著緯度的增加而下降，喬木最終消失在高緯度的寒原。而能適應此冷酷環境的植物雖然遺世獨立，但卻隨著高寒植物國度跨越了緯度的藩籬，成就了陸地上極端破碎、但唯一真正廣布全球的生態系。

然而，學界對於森林界線的成因仍有諸多爭議，相關議題並非是一個碩士生可以處理的，所以當旨价到中研院找我時，我說服了一心只想爬山的旨价研究臺灣的小檗屬植物分類，心想他或許可藉此瞭解森林界線深層的生態與演化意涵。會想到小檗，是因為那時我受彭鏡毅老師的囑託，替英國的小檗屬研究者Julian Harber量測植物標本的形態而注意到臺灣的小檗屬植物全都是特有種，加上小檗屬在全球山地與高寒生態系有非常高的多樣性，是研究高山植物種化的絕佳題材。但是小檗屬植物的分類問題很多，兩版《臺灣植物誌》小檗屬的處理天差地遠，是一個從未被臺灣學者系統性研究過的類群。

二〇〇八年的初春，大四下的旨价說他記得在拉拉山區看過小檗，我於是找了楊智凱先生展開我們第一趟小檗採集。當時的我因為剛出生的女兒與初任教職的備課，天天都睡眠不足，在檜木參天的拉拉山區走了幾個小時後已有點疲累，好不容易旨价興奮地大叫說他發現了小檗，卻指著一叢葉對生的茜草科有刺植物伏牛花。雖然我隨後就在伏牛花的不遠處看到了開花中的正港小檗，但在糗他之餘，我心裡其實暗暗擔心、懷疑，眼前這位學生真有辦法做植物分類研究嗎？

接著旨价和另外三位研究生入學了，參與了我在森林系研究室的草創。研究室四個學生題目各自不同，旨价獨自開始了他的小檗人生。植物分類學是一門歷史學科，首要的工作是文獻回顧與標本館的工作，接著才是野外採集與實驗室工作。漸漸的，我發現雙魚座的旨价超級龜毛的個性非常適合做像是訓詁學的傳統分類研究，他家學淵源，博覽群書，文筆極佳，而在山社多年受臺灣高山的滋潤，除了養成他無比豐富的登山與高山知識，廣結善緣的他和全臺灣登山界的朋友們不知又爬了多少山，切切實實地踏遍了臺灣有小檗採集紀錄的山區。那陣子我們研究室門外不時總有剛下山、全身汗臭、揹著大背包的山社學生敲門，再由他／她們被刺破的背包套下掏出採自某某偏遠山區的小檗殘枝。

在旨价開始做分子生物學實驗後，由於有外群的需求，我將Julian Harber介紹給旨价，雖然旨价寫信時不慎將「Dear」打成「Bear」，但他立刻與我們戲稱熊爺爺的Julian成了忘年之交，而這位當今世上唯一的小檗屬分類權威也毫不保留地將他種在自家花園內的小檗葉片源源不絕地寄給旨价做實驗，等我回過神時，旨价累積的小檗屬樣本竟已經超過兩百種，幾乎涵蓋了全世界主要類群，但同時，我那開張沒幾年的實驗室竟已負債百萬。由於旨价的樣本已遠遠超過一個碩士生能處理的範圍，我在他碩三時說服他直攻博士，在我有限的財力下繼續苦撐他驚人的實驗量。

我時常想起我剛到美國、第一次與指導教授談話時，詢問了她關於博士論文題目的建議。我的老師Barbara Schaal非常心平氣和地要我放輕鬆慢慢想，想一個可以讓自己有機會到各地去走走看看的博士論文。我於是鎖定了環南太平洋盆地高寒生態系分布的纖形科植物山薰香，遵照老師指示在博班的六年內花了六個月到厄瓜多、澳洲、紐西蘭、墨西哥、瓜地馬拉、阿根廷、智利、福克蘭群島採集，並在二〇〇二年夏天回臺灣爬了三個月的山。由於受到了那樣的訓練，我認為那樣的壯遊是博班訓練中重要的過程、更是系統分類學家應有的養分。所以我除了與世界各國植物園、標本館聯繫希望取得更多材料，也鼓勵旨价出國擴大視野、申請計畫至國外大學機構當交換生。而由於我常分身乏術，他也代替我到國外採集，累積他自己的學術人脈。那些年，旨价走過了青藏高原、橫斷山區，爬遍了日本的名嶽、前往英美主要標本館、深入墨西哥下加利福尼亞半島，還有許多許多他不敢讓我知道的旅程。

旨价的博士論文與小檗研究除了釐清了臺灣小檗屬的分類，發表了四個臺灣小檗屬新種，並以分子證據確認臺灣小檗屬植物均為特有種，我們還發表了小檗亞科的兩個新屬，讓延續了兩百年的分類紛爭暫時畫上了休止符。旨价的博士論文深入分析了小檗屬植物系統分類、種化與複雜的生物地理，為瞭解高山與全球高寒生態系生物多樣性起源做出了非常傑出的貢獻。

近些年來，我的研究室有賴旨价與幾位對高山情有獨鍾的學生，繼續著高山植物的研究，但我總是以體力與家庭為由，再再藉故臨時脫逃了原訂的登山行程，森林界線於我竟漸漸變成一道難以逾越的結界。旨价畢業後，我期待他能將論文最精華的部分儘快整理發表，讓學術界能藉由臺灣的研究來透視全球高山生物多樣性的迷人之處。不過，他畢竟是屬於山林的自由靈魂，選擇了在服替代役與新冠病毒疫情避居臺灣期間完成了一本書。

臺灣的山岳文學、自然寫作、各式圖鑑發展蓬勃，但罕有具學術訓練的作者投入，將看似深奧的研究成果與之融合並轉譯。在讀完《通往世界的植物：臺灣高山植物的時空旅史》的初稿與看過瀚嶢與錦堯繪製的精緻插圖後，我想這是旨价博士論文想說但沒來得及完成的部分，總結了他在臺大山社十多年來深入臺灣各處山林的一手觀察，融入了大量閱讀國內外自然史與學術文獻的心得，更特別的是，旨价豐富的國外採查經驗讓他能站在與國外學者一樣的視野，驗證西方與東洋學界早期對福爾摩沙山林的觀察。此時，我在森林系任教時對旨价叨絮的點滴突然變得清晰，大學時期攀爬百岳、博班時為了山薰香至各國採集的遙遠記憶也被喚醒。不論你是否爬過臺灣的任何一座百岳，我都推薦你讀這本書，它會讓你更瞭解並珍惜這塊土地。

於是我想，是該去南湖圈谷看看山薰香了。我與自己做了這樣的約定。

## 推薦序
# 臺灣、琉球群島與日本列島間的聯繫

中村 剛
北海道大學北方生物圈野外科學中心
植物園副教授

從北海道來到臺北帝國大學赴任的工藤祐舜，在一九二九年一封給北海道帝國大學恩師宮部金吾教授的信中寫道：「臺灣的植物真的令人感到很有意思。我在這裡盡全力研究蘭科跟樟科植物的同時，也將保持自己對日本北方植物的關注。」在與北海道相隔了緯度二十度以上的臺灣，工藤祐舜仍令人驚嘆地完成了優異的研究工作。這可能因為臺灣與北海道的植物相本身就有許多自中國大陸傳入的元素，有其相似之處，加上臺灣地形變化多樣，從熱帶森林到亞高山針葉林，以及更高海拔的高山岩屑地都可以見到，使得遠赴臺灣的工藤得以藉由在臺灣高山尋找跟北海道有關的植物，化解了不少來到異地工作的不安心情。

本書就像這樣，對臺灣以及周邊地域間植物相的關聯進行解析，其中亦探討日本列島（狹義來說是指不包含琉球列島的九州、四國、本州及北海道）做為臺灣高山植物相的一個生物地理起源的可能性，以及彼時位於日本列島以及臺灣之間的琉球列島是否擔任了傳播廊道功能的角色。由於這個假說尚未被充分驗證，因此值得在此好好思考。

在探討植物分布區域的變遷時，將過去地貌納入考量是很重要的一步。回顧琉球群島現今地貌的形成，受到中新世以來地殼變動以及海平面變化的影響很大。基於海底沉積物、斷層構造等地質資料，琉球群島全區或是大部分地區曾在以下幾個時期變成陸地：一、中新世中期到後期（約一千六百萬到七百萬年前）；二、更新世初期（約一百七十萬年前）；三、更新世初期到中期（約一百三十萬到二十萬年前）以及四、末次冰期（約兩萬年前），因而成為可能做為生物傳播的陸橋。生物地理學中所稱的「陸橋」是指經海底火山、地殼隆起、海平面下降等作用所形成的可讓陸生生物傳播的路徑。但值得注意的是，在地質科學領域中，兩個陸塊間若僅由一道狹窄海峽相隔，這段狹窄海峽也可稱為某種形式的「陸橋」。而古琉球群島若是做為陸橋，正可能是以後者的形式呈現。這是因為古琉球的陸塊因海底沉降形成南北兩個深達一千公尺以上的海峽（北方的吐噶喇構造海峽以及南方的慶良間海裂），在更新世初期將整個群島的陸地切成北琉球、中琉球、南琉球三個島群，這三個島群即使在海平面最低的末次冰盛期時都沒有再連接在一起過。此外，值得注意的一點是，臺灣與南琉球島群在更新世中期以後也沒有再連接在一起過了。（編按：請參考本書第六章二〇四頁地圖）

即使古琉球群島被兩道海峽切斷，但植物仍能藉由風力、海流與鳥類的協助跨越海峽進行傳播。實際上，在諸多臺日合作的研究工作裡，透過分析ＤＮＡ的遺傳訊息，研究人員發現許多植物種類，譬如日本蛇根草（*Ophiorrhiza japonica*）可能會藉由偶發性的跨海傳播事件，從臺灣經由琉球群島北上往日本列島傳播。另一方面，考慮到相對的方向，也就是從日本列島南下往琉球列島擴張分布的情況，雖然ＤＮＡ的遺傳分析裡顯示有些植物，像是由岩川氏堇菜、田代氏堇菜組成的屋久島堇菜複合群（*Viola iwagawae-tashiroi* species complex）是從日本列島往琉球群島傳播的，但是目前卻沒有相關分析顯示，有植物從日本列島經過琉球列島往臺灣擴大分布的例子。這樣的情況可能與琉球群島整體的海拔有關，除了位於北端海拔達一九三五公尺的屋久島外，其他的島嶼都不到一千公尺，因此琉球群島上現存和臺灣高山共有的溫帶植物，只有局限分布在島嶼低山雲霧帶或是溪流沿岸等陰涼環境中的少數物種，研究對象十分有限。

化石是一種對於植物過去分布的直接證據。基於化石紀錄，我們知道琉球群島在過去曾經與臺灣的高山及日本列島生長著相同的物種。在沖繩島約兩百萬到八十萬年前的地層中，出土了柳杉屬（*Cryptomeria*）、冷杉屬（*Abies*）、鐵杉屬（*Tsuga*）等針葉樹的花粉化石以及柳杉屬和扁柏屬（*Chamaecyparis*）的木材化石。這些針葉樹現在並沒有分布在屋久島以南的琉球群島上，而是生長在日本列島的溫帶到冷溫帶下部。這個事實暗示了過去琉球列島曾經有過冷涼的環境，但是另一方面，在沖繩島同一時期的地層裡卻也發現了楓香屬（*Liquidambar*）、紫薇屬（*Lagerstroemia*）、烏桕（*Sapium sebiferum*）等現在分布在亞熱帶到熱帶物種的花粉化石。沖繩島化石所呈現的複雜植物相，顯然無法單純用氣溫降低的說法來解釋，因此必須將琉球群島激烈的地殼變動也一併考慮，比如說沖繩島可能曾存有超過海拔一千五百公尺的山地，只是在約一百二十萬到八十萬年前因沉降作用而消失，從這片山地柳杉屬花粉化石的減少可以看出。沖繩島可能曾經存有山地的假說，也同時說明琉球列島做為日本列島的溫帶植物向臺灣高山傳播廊道的可能性。

此外，目前只出現在臺灣高山與日本列島共有的物種，仍有透過現在並無分布的中國大陸傳播的可能性，而進一步的化石研究即是檢驗此說法的必要手段。不過，對於很難留下化石的物種來說，現在也可以借助生態棲位模擬的分析（ecological niche modeling）來檢驗，這個分析主要以物種現生分布地的環境條件對照古環境後，推測出物種過去的分布。關於前述曾在沖繩島有發現木化石的扁柏屬，其在中國大陸湖南省的上新世地層裡也有發現葉子的化石。透過了生態棲位模擬分析的預測，結果顯示在末次冰河期時，華南、華中沿海地帶都可能是扁柏屬適合的生長環境，因此有可能臺灣和日本列島扁柏屬的祖先分布地便是在中國大陸，之後再一南一北分別傳播至臺灣和日本列島。我的研究室近年也找到了類似像這樣從中國大陸起源，一南一北向日本列島進行傳播的例子，像是綠瓣剪秋羅（*Lychnis wilfordii*）和興安杜鵑複合群（*Rhododendron dauricum* species complex），它們便是依循南北兩條路徑，南從朝鮮半島進入九州、本州，北從俄羅斯遠東地區進入北海道。因此在由中國大陸、臺灣、琉球群島和日本列島九州等地所包圍起來的圓形區域裡，植物都有可能是基於類似的模式，從亞洲大陸一南一北往當時位於陸域邊緣的臺灣與日本列島傳播，而不需要經由琉球群島的連結。所以基本上關於溫帶植物在臺灣高山與日本列島和琉球群島之間的傳播，仍需要更多的研究來驗證。

生物地理學做為本書主題，在現代對於保育生物學這類的應用學科愈來愈重要。臺灣高山與日本列島和琉球群島共通的物種，由於經歷了長時間地質尺度的隔離，種內不同族群間有可能發生很大的遺傳分化與生理分化，此般分化不僅可能進一步導致種化，也是不同族群適應生育環境的結果。因此，我們應該要避免在兩地域間移植同種植株，使得原生植株與移植植株產生遺傳交流，因為這種行為不僅會妨礙物種本身的分化，也會干擾其對各自生長環境的適應。例如山櫻花（*Prunus campanulata*）原生於臺灣海拔一千五百至兩千公尺，在琉球群島只有在石垣島海拔約兩百公尺的溪流沿岸有生長。近幾年，在臺灣的低海拔到中海拔區域有人工栽種耐熱的石垣島產山櫻花。我們正透過臺日合作確認臺灣原生的山櫻花族群與移植植栽間是否發生遺傳交流的情況，進行保育問題上的調查。

至此，本文都在說明關於臺灣與日本列島和琉球群島間的關聯，但如同本書內容所示，臺灣的高山植物與喜馬拉雅以及北半球高緯度環極地區也有所關聯。游旨价博士做為新進的植物分類學研究人員，同時也是位挑戰世界各地山域的登山愛好者。雖然做高山植物的研究有體力上的困難度，但他不僅可以游刃有餘的完成高山的調查工作，也用他卓越的觀察之眼鑑賞臺灣的高山植物。他至世界各處調查與採集的小檗屬（*Berberis*）的工作，讓他的博士論文取得了豐盛的成果。另外，他也常在山岳雜誌投稿，這些研究、寫作活動全都成為了本書出版的養分。

我在二〇一〇至二〇一五年間，在中央研究院生物多樣性研究中心彭鏡毅老師的研究室裡進行博士後研究，旨价（我帶著親近的意味這樣稱呼他）是我自彭老師研究室時代起認識的朋友，一開始曾一起去北大武山做野外調查。那天我因為稍微發燒身體狀況不太好，旨价一邊關心我，一邊替我帶路到檜谷山莊。而這本書就像是旨价在替我們帶路，介紹臺灣的高山。本書以臺灣高山植相做為主軸，提及了世界植物令人感興趣的分布模式，且一併介紹了植物地理學的基礎知識與其發展的歷史。藉由閱讀本書，植物研究及愛好者，特別是年輕世代，將會對臺灣的高山以及植物深深著迷。

（翻譯：楊斯顯、游旨价）

推薦序

# 一封代筆的情書

洪廣冀
臺灣大學地理環境資源學系助理教授

我與本書作者旨价有著類似的背景：臺大森林系，在就讀森林系期間，培養出對山林的喜愛。但我跟旨价有個關鍵的不同：我從來沒能像他一樣，培養出一種學術登山的視野與體力。還記得，大四的時候，當我有機會參與從北大武山到南湖大山的延長版中央山脈大縱走時，我興致勃勃地敲了系上胡弘道老師的門。胡老師是土壤學的專家，我想他或許會想要一些土壤樣本。胡老師表示他感興趣，希望我沿路多少採一些土壤樣本給他。我一口答應。很可惜的，幾乎就在離開北大武山頭那天，我就打破了我的承諾。爬山都爬到要吃土了，將背包裝滿土壤，似乎是很不智的行為，又不是在帶便當。

旨价不然。山是他的興趣，也是他的專業。

旨价為高山植物地理學的專家，特別專精小檗的分類。他在植物學期刊上發表分類論文，也書寫植物的故事。在這本書中，各位看到的不是「以淺顯易懂的文字來表達艱深的專業知識」的科普，科學也不是人文的「佐料」。做為一個研究十九世紀分類學的研究者，我在這本書中讀到的，是一種在科學研究專業化後逐漸瀕臨絕種的氣質與態度。與其說分類是在吹毛求疵，區分你我，倒不如說是追求連結，既是自然界中的連結，也是社會中人與人的連結。面對這個充滿連結的世界，達爾文稱之為「糾纏的河岸」(entangled bank)，日本植物學者早田文藏則說是「因陀羅網」(Indra's net)。分類學者之所以會發展出這種世界觀，一方面牽涉到，自然世界確實是由連結所構成的；沒有人是座孤島，即便是號稱某地之特有種的物種也是。另方面，為了要勾勒這個充滿連結的世界，分類學家也訂了分類學的潛規則。要成為一個為人敬重的分類學者，關鍵不是手中握有的標本數量，也非文章發表的數量；更重要的毋寧是，分類學家得慷慨地相互分享手中握有的標本與田野資訊。事實上，我甚至認為，這種透過定義社群的「道德經濟」(moral economy)，來掌握「自然的經濟」(nature's economy；即「生態學」)，不能說是歐美科學的獨有產物。早在十一世紀，在一篇題為〈和聖俞李侯家鴨腳子〉的詩中，歐陽修首先論及，銀杏從堪與「葡萄安石榴」相比之稀品，到「遍中國」的過程；緊接著，他寫道記錄此過程的理由：「物性久雖在，人情逐時流；惟當記其始，後世知來由。」

在閱讀《通往世界的植物：臺灣高山植物的時空旅史》時，讓我感動的便是旨价要為物性與人情「記其始」與「知來由」的自我期許與渴望。我也想起與哈佛大學分類學者David Boufford聊天的經驗。Boufford教授的研究室位於哈佛大學標本館，你得設法穿過重重標本櫃，才能找到這位名滿世界的東亞植物相權威。我開心地分享我在史料中讀到的分類學家，Boufford教授微笑著，突然跟我說，「如果這世界上有更多的分類學家，這世界說不定就沒有戰爭了。」真是個浪漫的人啊，我想。開始在學術界中討生活後，我好久沒有遇過這種浪漫。這也讓我想起，我曾花相當時間，在美國國會圖書館中，抄寫十九世紀哈佛植物學者阿薩·格雷（Asa Gray）的信件。在一封信件中，面對心儀的女士，格雷在喃喃自語一串關於植物特徵與分類學家的日常後，他添了一句話：「你願不願意靠過來，看看萬綠叢中的一個我。」

我跟旨价只有數面之緣，跟他的連結，主要是透過臉書，分享各式各樣的植物相關訊息。旨价有著長期對著植物喃喃自語之學者的特色。於是我寫了這篇文字，與其說是序，倒不如說是封代筆的情書。看到這篇文字的各位，我想幫旨价問道，「你願不願意靠過來？」

# 前言
# 致森林系與登山社

一八四〇年，第一次鴉片戰爭的硝火在中國外海蔓起，西洋槍炮無情地敲開了古老帝國的城門，為商人與傳教士的事業建立了據點。一八六〇年英法聯軍一役後，傳教士中的博物學者終於取得深入中國內陸的特許，他們以信仰與科學的力量攀上了橫斷山脈的高峰，將千百年來被隱藏在帝國深處的東亞植物引介到了世人眼前。十九世紀下半葉到二十世紀初，那是東亞植物命名的大時代，卻不是臺灣植物命定的舞臺。直到一八九五年，大日本帝國的博物學者來到臺灣，他們眼中的蕞爾之島，面積雖小但其上的高山地帶卻遼闊廣大，洪荒山林自誕生以來便未曾見於科學之眼，被稱為博物學的黑暗之地。二十世紀上半葉，一眾日籍博物學者往返於高山峽谷間，將各類珍稀的孑遺植物與高寒植物從黑暗的島嶼核心中攜出，在世界植物學的網絡裡展露光芒，終為臺灣植物締造了遲來的命名大時代。

二十一世紀的東亞，西方列強早已遠颺，

大和民族對臺灣山林的探索也已終止。儘管臺灣植物命名的時代已經過去，但博物學在臺灣高山上留下的資產仍持續啟蒙著島上的新世代。何其有幸，自己生活在這樣一個時代，坐擁著前輩們接力了一個世紀的耕耘，用科學的曙光照亮了東亞大多數的角落，包括臺灣島的最深處。如今坊間有著琳瑯滿目的植物誌、名錄和圖鑑，任誰都能恣意地在心中拼繪出一座植物大觀園，更別說二十一世紀發達的網路科技，讓我們得以愜意地窩在城市的一角，一面喝著喜愛的飲料，一面滑著手機屏幕，輕鬆瀏覽各地發現新物種的報導。然而也是在這樣一個時代，自己慶幸有機會和幾位令人信賴的夥伴和同行攜手深入密林，參與和執行了許多野外的調查和取樣，在一個一個被汗水浸溼的步伐裡，親身感受了大自然最真實的樣貌。儘管現代科技的力量如此無遠弗屆，但我仍常常想著，在探索植物奧妙的路上，行萬里路的精神還是最吸引我的主調。我欽佩，甚至崇拜在這個時代仍願走入荒野，在猛烈的探索中追尋自己研究素材的研究人員，在他們身上，我彷彿能感受到百年前學術開創時代先鋒者的靈魂。

藉由行萬里路，我驗證著書中的記載，但有時所遇見的，是我還未曾從書中知曉過的。而藉由行走所獲得的知識與視野，對我來說往往比從書本得到的還要印象深刻。在求學的路上，由於研究的植物廣泛分布在全球的高山，我因此和生物地理學有了交集。在蒐集樣本的過程中，我從臺灣出走，流連在世界不同的角落，有時我親身走入了荒野，更多的時候我沉浸在標本館所創造的想像時空裡，

在一張張標本上旅行著。一次又一次，我漸漸學會從地球的視角來閱讀生物演化與遷徙的歷史，自此北美洲取代了美國和加拿大，安地斯山取代了祕魯與智利，民族與政治所劃分的地界在生物地理學的世界裡再也不重要。

這本書源於東京國立科學博物館植物研究部國府方吾郎博士的一段話。記得二〇一五年和國府方博士以及他的學生伊東和梅本一同到濟州島採樣，當天晚餐，眾人在酒精的催化下，開始與南韓當地的隨行人員，為了亞洲各國棒球運動間的國族情懷而爭得面紅耳赤，此時，國府方博士突然湊近我耳旁，小聲地說：「不論你的國籍為何，我們這些研究植物的人，在做研究時，心中不該有國界之

● 中央山脈太平溪源頭的崇山峻嶺。登山社教導了我探索大地，穿越空間的能力，而臺灣對我來說也不再只是一座小島。 攝影：游旨价分。」人別無選擇而有國籍，但植物沒有國籍，每一個植物物種的形成，都涉及了數百萬年的時空，而且也與不只一個地方，一種環境，一類生物有關，因此，就算是親緣關係相近的物種，它們之間的分布可能會相隔千萬里，不是任何人類構築的國界可以框架得住。當時，我想國府方博士的話可以理解為兩個層次，第一，研究植物時，不能僅局限在一個國家的材料，應該要依據它的天然分布範圍去考量；第二，研究植物的人，要能夠明白一個人能力有限，因此研究時要試著拋開國家的成見，不論對方的國籍，一起來好好合作探索問題的答案。

數年過去，在更多生物地理學的實踐中，國府方博士的話在我心中又有了新的一層體悟：研究某種植物時，很多時候必須連帶考量它全部的分布，它的姊妹群，甚或其他同屬一個植物群落中的物種，不論地理遠近。由於植物的演化橫跨數百萬年，還有驚人的傳播能力，若是忽略這個事實，僅專注在國界框架中，而非物種的自然分布界線來解答問題，必然是不會完整的。這個道理我也在研究臺灣高山植物的過程裡深切體悟，尤其臺灣是一座地質年代年輕的島嶼，許多高山植物都是近期從各處傳播過來，在追溯這些傳播的過程中，我也彷彿踏上一段奇妙的旅程，探索了遠方，一處處我不熟悉的土地，以及其上關於植物，關於地球歷史的故事。

臺灣的高山不僅豢養了我的浪漫，也啟蒙著我在科研路上的學思歷程，它是我心中最美好的生物地理學講堂。每每站在高山上，望著雲海藍天，層層的山巒線，我知道自己的視野早已突破了島嶼的範圍，國界的限制，這裡，雖然只是世界地圖上的一個偏遠角落，卻是我窺探全世界的窗口，而一直在我前方，為我引路的，是你們，親愛的高山植物。

# 導論
# 沒有國界的高山

## ❖東亞——消逝中的植物多樣性中心——◆

在科學家眼裡，東亞是一座生物的博物館，這裡保存著諸多遠古起源的孑遺物種，呈現了跨越時空的奇蹟，但它同時也是一張生物的搖籃，複雜的地形與溫暖的氣候在古老的大地上孕育出大量的特有生物。

我們居住的東亞，如今是超過十六億人口的家鄉，然而早在人類於此大量繁衍之前，這裡便已是地球上生命力最蓬勃發展的所在。從太空俯視，東亞蓊鬱的森林彷彿一條綠色的大河，淌流在蔚藍的太平洋西岸，從北方的極圈苔原到南方的熱帶雨林，寬闊的大地是無數生物棲息繁衍的家園。自白堊紀晚期以來，由於東亞絕大部分地區不曾受過海侵，生命的長河在此不曾斷流。這裡聳立著世界上最高的山峰，奔騰著一條條大江大水，雄偉的山脈上頭鑲嵌著無數催動生物演化的生態棲位。當蒙古的草原還留在冰河時代剛走的荒蕪，而青藏高原孤獨地承受著來自西伯利亞的寒風，溫暖溼潤的東亞就像是造物主應許的迦南美地，從新近紀以來未曾遭受過劇烈的氣候變遷，為各地質時期的動植物提供了避難之所。

東亞獨特的自然歷史，使其自成一個植物地理區系，也成為北半球植物種類最多樣的所在。許多人認為當代東亞植物多樣性之所以如此特別，一個主要原因是躲過了第四紀更新世最後一次冰河期的摧殘。約兩萬六千年前，末次最大冰盛期（Last Glacial Maximum）發生，範圍廣大具毀滅性力量的大陸冰河在高緯度帶發育後，從北美洲與歐洲一路南下，消滅了所有來不及南遷逃離或適應的植物。雖然遠東地區也出現了大陸冰河，但相較北美與歐陸，它在東亞的發展就顯得含蓄許多。冰河覆蓋區之外，高緯度的平原上，落葉松的森林鑲嵌了大片耐旱的草場，蒼茫的景色延伸到沿海山脈的山腳，那裡綠意盎然，耐寒的針葉樹形成了密不透光的北方針葉林（taiga）。隨著緯度往南，整體氣溫逐漸溫暖，雖然部分地區因為季風帶來的乾溼差異而特別乾旱，但許多區域仍可發現大面積的常綠闊葉林。在山脈或沿海等溼度更高的地區，各類溫帶森林亦生長茂盛，成為現生東亞植物的祖先曾經依存的諾亞方舟。

如今，這艘方舟化育了超過五萬種植物，包含近二十個特有科（世界上多數的植物區系鮮少有超過五個特有科）。它們之中有彷彿從化石中甦醒的銀杏

（*Ginkgo biloba*）與銀杉（*Cathaya argyrophylla*），做為冰河時代北半球生物滅絕歷史的見證者；它們之中也有如檫樹（*Sassafras*）或鵝掌楸（*Liriodendron*）這類和遙遠的北美大陸形成洲際間斷分布的奇特樹種；它們之中的綠絨蒿（*Meconopsis*）與雪兔子（*Saussurea* Subgen. *Eriocoryne*），映著世界最高山蒼穹的藍與冰河的白。三千米的高山上，超過四百種的櫻草（*Primula*）、六百餘種馬先蒿（*Pedicularis*）在春夏的生長季大規模地盛開，將天際渲染上繽紛的色彩。雲霧繚繞的熱帶雨林底層，寄生花（*Sapria*）張著血盆大口無聲嘶鳴，龍腦香（*Dipterocarpus*）挺立於萬樹之上，在豐年時分落下輪轉飛翔的果實。

東亞豐沛的植物多樣性並非只是一場大自然的視覺饗宴，這些多樣性的誕生與維持實則與植物的交流與傳播有關。在第四紀冰河期，避難所裡的東亞植物不甘苟延殘喘，順勢而生的各類植物向四方傳播，它們的旅程成為此刻我們追溯眼前植物世界形成的線索，而其中迎來自身最盛大的一場冒險的，正是高寒植物（alpine plants）。除了古老的孑遺植物，東亞植物相素來也以高寒植物多樣性聞名，自新近紀以來，造山運動將東亞天際線逐步抬升，巍峨的高山山脈譬如喜馬拉雅山與橫斷山，不僅大幅改變了東亞地貌，也將原本和緩暖熱的大地化為高寒植物誕生的苗床。它們在冰河時代順著低溫以及縱橫交錯的山脈系統四處擴散，從高處往低處，北方往南方，它們之中特別傑出的旅者甚至抵達了極南的異他大陸，有些則向東攀上了大陸棚邊緣的高峰，這些旅程，不論何時來看都是植物世界的奇蹟。

然而儘管在兩萬六千年前逃過了大陸冰河的威脅，這座護育亞洲植物多樣性的方舟此刻卻似乎逃不過十八世紀末以來人類對全球氣候及生態系統造成的影響。東亞植物相的兩大特色類群此刻同時面臨了覆滅的威脅，古老的孑遺植物被十六億人口剝奪了生育地，而高寒植物則在全球快速暖化的勢頭裡受困高山無處可逃。植物多樣性的損失並非只是單純的物種消失，在生命之網的鏈鎖效應裡，任一物種的消失都有機會為全體生命帶來未知的影響，且是至今科技仍無法評估的一種風險。但最終，若東亞的孑遺與高寒植物真的泰半消失，會讓許多人感到悲傷的原因，恐怕不只是將從地表上被抹除的生命本身，還有其中百萬年來東亞植物在這片土地上演化的回憶與歷史。

## ❖ 臺灣——東亞植物世界裡的一顆明珠

「福爾摩沙真是名符其實的東方之珠，她最美麗的，是生機蓬勃的樟櫧森林，以及生長在崎嶇陡峭高山上的巨大檜木與挺拔的臺灣杉。」

——威爾森（Ernest H. Wilson）

臺灣，幾個世紀以來西方世界口中的美麗島，也是威爾森口中東亞植物世界裡最美麗的綠色明珠，由於同時擁有孑遺以及高寒的植物種類，它像是東亞植物相的一方縮影。拜地理位置之利，臺灣在海洋水氣與亞熱帶氣候的調和下，成為冰河時期東亞重要的植物避難所之一。在方圓僅三萬六千平方公里的土地上，東亞植物相中許多代表性的孑遺植物群聚於此，也讓島上雖然地貌歷史不超過六百萬年，但其原生植物體內深藏的自然歷史卻可追溯至數千萬年前，直到東亞植物起源的年代。

另一方面，臺灣也是地表上難得一見的高山島，對許多植物學者而言，高山可能是地球給予臺灣最珍貴、獨特的一道自然資產。兩百多座三千公尺以上的山峰，為平面狹小的島嶼創造了額外的立體空間，當中複雜的地形和微氣候，都是能夠驅動植物多樣化的動力，使得臺灣至今擁有超過千種的特有植物。值得注意的是，高山樹線（tree line）之上的高寒地帶，是臺灣特有現象最為突出的所在，超過半數的高寒植物都是臺灣特有種，也讓它們所組成的高寒植物相成為臺灣最獨特的生態景觀之一。

和東亞島弧其他高山島相比，亞熱帶的臺灣高山由於地理位置特殊，就像是一座植物交流的驛站，這裡是橫斷山脈高寒植物能到的極東，是諸多北方溫帶植物南遷的終點，更是偶然中自南半球而來的過客的落腳處。因為這些歷史上的因緣際會，曾經來過臺灣島的博物學者，無不在臺灣的高山中發現過驚奇，他們以為自己登上的只是一座海上孤島，卻彷彿在島上看見一整個北半球植相的精華。

他們通過書寫，描述走入雪山的冰河遺跡與來自赤道高山、不見於東亞其他任何地方的山薰香相遇；他們記錄攀上玉山之巔，驚見歐洲人心中永恆的小白花，彷彿穿越時空來到東亞，在三九五二之巔不畏冰霜地綻放。

## ❖生物地理學——看見臺灣植物多樣性之美的窗口——◆

生物演化的歷史離不開地球變遷的歷史，生物地理學就是一門探討兩者之間連結的學問。

過去兩個世紀來到臺灣島的博物學者，許多人藉由生物地理學這扇窗口，「看」見了臺灣島獨特、美麗的自然歷史。然而生物地理學究竟是什麼呢？

簡單來說，生物地理學是一門研究地表上生物分布格局的學問，尤其致力於探討環境變化與生物分布間的關聯。生物地理學目前大抵做為生命科學裡的一門子學科，但在十九世紀初生物地理學剛發軔之時，由於學科視角和研究目標不甚明確，生物地理學常與其他生物學科有很大程度的重疊，尤其是生態學。儘管至今仍有些人主張生物地理學其實只是生態學底下的一門子學科，但經過了兩個世紀資料的累積與實踐，生物地理學逐漸收斂到上述的當代定義，顯現出完整的學科發展歷史、研究思維和理論基礎。從學科的界定上來看，它「跨領域」的本質也被確定，因此對支持生物地理學的人來說，生態學只是用來解決生物地理問題的諸多學科之一。

生物的「分布範圍」一直都是生物地理學關注的核心議題。攤開一張地圖，生物地理學家會直覺地問起，地圖上「有什麼生物？」、「它們在哪裡？」、「為什麼會在那裡？」基本上，這些問題都與生物自身的「生態棲位」（niche）有關。地球上每個物種，都會占據一個可滿足其生活所需的多維資源空間（multidimensional resource space），這個物理空間稱為生育地（habitat）；不同的生物可以生存在同一個生育地，但若只說單一物種在生態系中的位置和角色時，則稱為生態棲位（或生態區位）。生物學上的生態棲位，指的是一組維繫生物生存所需的環境條件，其中包含了各種生物或非生物因素。理論上每個物種都有自己獨特的生態棲位，因此每種生物的分布大致取決於其在自然界中生態棲位的分布。然而在真實世界裡，雖然**生物的分布**與**生態棲位**兩者間的關聯十分明確，卻常常發生某生育地有某類生物的生態棲位，但該地卻不見得有某類生物的情況，這顯示生物的分布除了受到理論上生態棲位分布的影響，也受到其他因素的主宰。

由於研究問題時空尺度的不同，生物地理學可以分為生態或歷史兩個面向。其中，「生態生物地理學」意味著從時間較近（幾十年至幾百年）、區域性（一座森林、一個沼澤）的尺度去探討研究對象的分布；而「歷史生物地理學」則代表了相對長期（數萬年到千萬年）且廣域（一座山脈、一座島嶼）的觀點。探討生育地裡棲位分布的差異剛好可以凸顯出這兩種生物地理學不同的視角。尺度較小的生態生物地理學，認為生物之間的共存方式對物種的分布有很大的影響。當一個物種與其他物種存在交互作用時（像是競爭、取食），其實際能夠利用的棲地範圍會比理論上來得小；甚至，一個物種內不同族群間往往也會有不同的食物來源或是遭受不同的病原侵襲，這些資源與威脅的分布也會影響到一個物種整體的分布。

然而，如果將時空尺度拉大到「歷史」的視角，生物在理論與實際分布上出現的差異，除了棲位因素，也受宰於某些更宏觀的地球歷史因素。舉例來說，如果我們比較起喜馬拉雅山和安地斯山的環境條件，可以發現兩者之間雖然具有若干相似性，但是從生物相的組成來看，生活在兩地高山上的生物種類卻十分不同。為什麼出現這樣的情況呢？歷史生物地理學認為，儘管兩山現在提供的生育地條件頗為相似，但是它們各自的山脈隆起歷史和本地生物相的起源歷史卻很不同，也就是說，兩山在整體的自然歷史上，從起源到發育都有不同，而歷史生物地理學正是藉由比較這些差異的形式，來探討自然歷史與現今物種分布間的關聯。

最後，不論是在生態還是歷史的觀點裡，生物的傳播（像是動物的遷徙，植物種子的傳播）是決定生物實際分布格局最後一個重要的因素。以植物來說，區域尺度內種子的傳播與短期氣候的波動、取食果實的動物族群動態都有關。若是從歷史的宏觀角度來看，大型的地質、氣候事件（像是古代海洋的閉合或季風系統的形成），以及地理區之間的物理距離，都與植物是否能在適合的棲位之間傳

# 一八四八年植物地理分布圖

亞歷山大・基思・約翰斯頓
（Alexander Keith Johnston, 1804-1871）

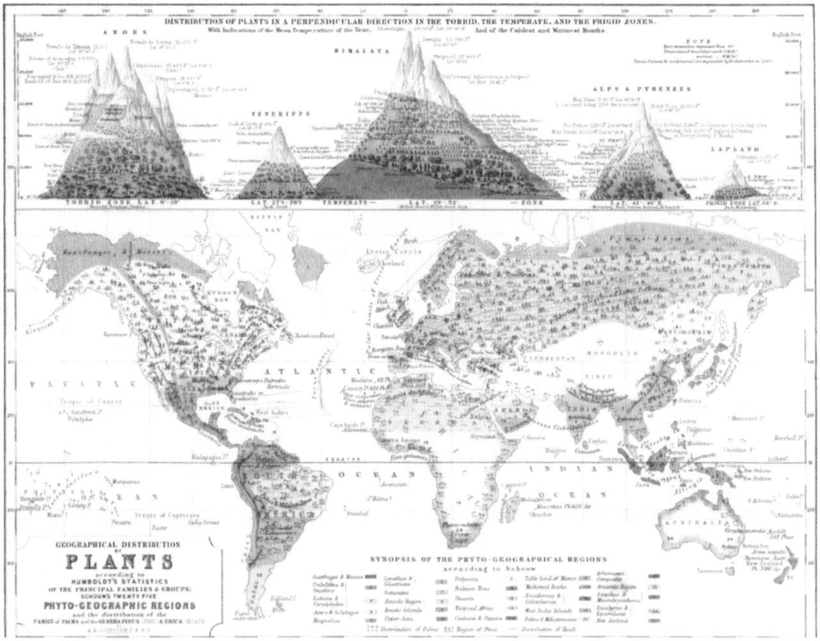


●約翰斯頓是蘇格蘭地理學家和製圖師，他於一八四八年首次出版了《地文圖》，說明地球的地質、水文、氣象、植物學、動物學和民族學。此張地圖是植物的地理分布和植物在垂直海拔上的分布，在洪堡式科學（Humboldtian）的視角裡具體呈現了生物地理學發軔之時的樣貌。亞歷山大・洪堡（Alexander von Humboldt）被稱為生物地理學之父，生物地理學自十九世紀開始發展，成為如今跨領域的一門學科。

播有關。

## 高山植物的前世今生——探索臺灣這座島嶼予我們的意義——

「於是使博辯之士，原本山川，極命草木；比物屬事，離辭連類。」

——枚乘〈七發〉

記得小時候因為住在太平，藉著地緣之便，爸媽經常帶我上合歡山玩。每到夏季高山的旅遊旺季，武嶺上那個安置著臺灣公路最高點的瞭望臺，總是合歡山上最歡騰的一角。我雖然也喜歡去武嶺的高臺，但卻不是因為對公路最高點感興趣，而是因為瞭望臺剛好依山而築，靠山那側的護欄之外便是一片碎石與矮箭竹鑲嵌的小山坡，在那裡我可以找到一些美麗的高寒植物，譬如阿里山龍膽，在陽光下，它充滿魔性的小花蕩漾著藍紫色的光澤，深深吸引著我。

為什麼高山上會有這麼漂亮的植物？這是只有臺灣才看得到的植物嗎？這附近會不會還有長得一樣但卻開著不同顏色的龍膽花呢？

我想許多去過合歡山的人應該都曾見過阿里山龍膽，他們或許也曾和我一樣有過類似的疑問。只是這些疑問，有多少人在下了山後還記得去深究，又有多少人知道，藉由尋找這些問題的答案（一如上個世紀的博物學者），你將不經意打開臺灣島自然歷史的大門，一頭栽入臺灣高山所創造的魔幻世界裡。如果地質學可以翻譯高山的身世，那麼生物地理學能解讀的就是高山上各個生命的前世今生。在生物地理學的引領下，合歡山盛開的阿里山龍膽是臺灣特有植物，和臺灣高山上其他開著鮮黃、純白花朵的龍膽有著親密的親緣關係，而這一群龍膽花可能都源於千里之外的中國大陸橫斷山脈。

跨越大陸與海峽，從橫斷山到臺灣，彷彿超展開的地理關聯並不只出現在龍膽花身上，臺灣的高山還有許多物種，它們各自與世界上其他土地的物種存有親緣關係。植物雖然不具自主行動的能力，看似一生僅固守一寸土地，但它們卻擁有十分傑出的種子傳播機制，靠著颱風、海漂等自然營力的帶動，還有動物的取食或體表沾附，只要給予一定時間，還有一個偶然，植物的種子就有機會跨越各種地理障礙，其中有些甚至是動物也無法克服的天險，在世界各地嘗試扎根並繁衍。臺灣的高寒植物，正是憑藉自身各般傳播的能力，在不同的歷史機緣下來到我們生活的這座島嶼，與我們的高山一同發育，或適應演化，或滅絕，最終化為了你我眼前森林與草原中的一個個生命細節。

在枚乘〈七發〉的賦作中，善辯的士人藉由探究山川地理，考證草木名稱來創作，並引以為樂。而我們許多人，不論是這座島嶼的居民還是過客，一路上也都在嘗試從各種行動與觀點摸索土地予我們的意義。我們知道有人飛入藍天鳥瞰臺灣，有人用攝影將滄海桑田收入相紙，有人靠寫作將人與環境的故事留下，有人用自己的雙腳一步一步翻越島上的重重山水，而如今我們更明瞭有人藉由閱讀臺灣生物的演化歷史，瞭解臺灣。每一個物種的深處都淌流著一條無形的生命之河，而解析生物演化的歷程，便如同順河上溯，我們沿途關注小至族群（支流）的分化，大至群落（匯流）的組成。這份追溯超越了物理地界的局限，將我們置入了一個恢宏的時光範疇，從生命的高處眺望臺灣島無形的美麗。

## ❖全書章節導讀

在本書中，**高山植物**（Montane plants）用來泛指臺灣中高海拔山區的各類溫帶植物，但在坊間多數書籍或文獻裡，高山植物一詞卻常用來指稱分布於高山樹線（tree line）之上的植物，其間名詞使用的差異，我想在這裡做些簡短的說明。

廣義的高山樹線是指高山高海拔地區，因為低溫、風速以及土壤條件的限制[1]，使得木本植物無法生長成樹的一條界線。雖然叫做線，但在野外你鮮少會看到高山樹線直接以一條「線」的方式呈現，反而會是一條帶狀的區塊（ecotone）。在這片區域裡，皆是受環境限制而無法正常成長的小樹，或是被風壓迫成匍匐狀的老樹，理論上這些長不高的樹會隨著海拔逐漸增加而減少，最後過渡到再也沒有樹能生長的地域。由於生態學上，包含這條樹線及其上更高海拔的環境，稱為

●1 嚴格定義裡，高山樹線的形成通常僅與對樹木生長產生影響的低溫限制有關。

高寒環境（alpine environment），也因此對於生活在高寒環境裡的植物，我傾向將其稱為高寒植物（alpine plants），而非坊間書籍常使用的高山植物。

然而「montane」何以在本書譯作「高山」而非「山地」，這主要考量了地理學上，「山」（mountain）這個詞其實並無精準定義。廣義來說，山指的是比丘陵陡峭，最高點與最低處落差達三百或五百公尺的地形。然而身處亞熱帶的臺灣島，本書所描述的主角——山地溫帶植物，其分布海拔需要一定的高度，通常是海拔一千五百公尺以上的山區，因此若是以山的廣義定義來將「montane plants」一詞翻成山地植物，會將海拔不夠高的山地及其上非溫帶的植物類群一併納入，就本書的主題而言，顯然並不是最合適的翻譯。另一方面，從生態系的角度來看，「山」亦有較為狹義的定義。「高山生態系」裡「高山」一詞指的是海拔達到可以形成樹線的山。臺灣島上許多高山都存有廣義的高山樹線，這些高山正是山地溫帶植物分布的熱點所在，因此我傾向以高山植物而非山地植物一詞來稱呼這些生長在具有一定海拔的高山之上的溫帶植物。然而各章節因為內容需要，仍會提及並介紹一些低海拔的山地植物。

本書始於一份好奇，究竟臺灣高山上的植物是從哪裡來的？我希望從追尋紅檜與山薰香這兩種高山植物的身世做為開場，帶領大家從形態觀察之外，透過生物地理學以及自然歷史的嶄新視角來認識植物。這兩種植物，一個是大家耳熟能詳，另一個卻十分陌生，然而熟悉的植物並非沒有故事，陌生的植物更可能藏有

● 阿里山龍膽，臺灣高山上專屬的藍色龍膽花。 攝影：游旨价

驚喜。臺灣素以特有植物的多樣性而聞名，但特有現象或是特有植物的意義是什麼，藉由第三章小檗的快速分化現象，將試著解答臺灣高山上為什麼會有這麼多特有植物。緊接著，本書將從臺灣特有屬理解「新」特有現象的發生，從臺灣的針葉樹見證年輕島嶼上的「古」特有現象。待大家對生物地理學以及特有現象的起源等議題都有所掌握之後，便能夠進一步從不同的自然歷史脈絡切入，認識臺灣高山上獨特的三個類群的植物：與日本有關的山地溫帶植物、石灰岩植物和高寒植物。最後，呼應書名，藉由追溯高山植物的身世來源，臺灣與世界之間的連結將被清楚揭示。靠著這張親緣關係所編織起來的網絡，我希望能讓高山植物做為引路人，陪著大家在書中環遊四方，探訪寰宇各地植物的神奇。

# 1

# 巨木的原鄉在何方

## 扁柏屬的東亞北美間斷分布

繪圖：黃瀚嶢

「……阿里山二萬平車站工地不遠處，有一片紅檜純林。若非親眼所見，可能沒有人會相信世上竟有如此壯美的森林。林子裡的大樹，我估計每棵可能都有十幾米寬，五十多米高。這樣雄偉的植物，能與它媲美的只能是美國加州的巨杉了吧。」

——卜萊斯（William R. Price）[1]，收錄於《臺灣植物採集記》，一九一二年

## 卜萊斯的驚嘆

不知道你是否聽過，卜萊斯筆下的這座巨木森林。

也許答案是什麼都無關緊要，因為在現代阿里山林業開發的脈絡裡，我們都再無機會和權利可以去探索這樣一片森林的存在了。上個世紀阿里山上的紅檜巨木，在日本殖民與國民政府兩代政權的伐採下，成為供應島上軍需、神社與官廳的建材。雄偉的大樹自此在山林中被抹去了身影，而卜萊斯的驚嘆，似乎也成為了阿里山紅檜最後的墓誌銘。

「臺灣這座小島海拔高達一萬三千英尺，位於北回歸線上，對於像我這樣精力充沛的採集者而言，那裡顯然會是個令人興奮的採集場所。……」

——卜萊斯（吳永華譯）

[1] 卜萊斯（William R. Price, 1886-1975），年輕時曾擔任邱園（Kew Gardens，英國皇家植物園）野外採集人員，隨艾維斯來臺考察與採樣。卜萊斯有寫日記的習慣，他的採集日記後來於1982年經中華林學會出版成《臺灣植物採集記》一書，藉由詳盡的文字與植物名錄為後人提供了二十世紀初臺灣山林的原始風貌。

時間回到一九一二年，年僅二十六歲的卜萊斯雀躍地接下邱園（Kew Gardens，英國皇家植物園）的派遣，準備擔任知名英籍植物採集者與鱗翅目學者艾維斯（Henry John Elwes）臺灣植物採集之旅的助手。當年二月，他與艾維斯在臺灣島會合，滿懷期待地在金平亮三的陪伴下展開了第一次的阿里山探險。[2]彼時，阿里山林鐵正如火如荼興建著，卜萊斯幸運地在阿里山自然悲歌響起之前邂逅了山上原生的大森林。在阿里山的芸芸眾生中，美麗又獨特的紅檜令卜萊斯驚嘆，也讓他遙想到太平洋彼岸的巨杉（*Sequoiadendron giganteum*），一種特產於美國加州的針葉樹，曾是世界現存體積最大的生物。

巨杉盛名遠播遠早於紅檜，自一八五三年正式被科學界報導後，它神話般的身形徹底顛覆了世人對植物身形大小的想像。四十九年後，紅檜在臺灣島被發現，它雄偉壯碩的身軀同樣也令前來探查的日籍學者大為震驚，旋即便以「東亞第一巨木」之名，在日人的歌頌中被引薦到了世界植物學的舞臺。然而可能礙於語言隔閡以及圖像的缺乏，當時西方學界對它的認識甚至是存在都不甚清楚。就連艾維斯與卜萊斯也一直要到在阿里山親眼目睹，才真的相信世界上竟還有能和加州巨杉競衡的神祕巨木。

時間來到現代，紅檜和巨杉，一東一西，兩者都靠著碩大無比的身形成為北半球最著名的針葉樹種。儘管皆演化出相似的巨大身軀，有趣的卻是，它們從起源到生長習性上，大不相同。巨杉與紅檜雖然都屬於柏科（Cupressaceae）[3]，但彼

[2] 當時臺灣大部分的山區，日人與原住民間的鬥爭猶戰方酣，加上擔憂雨季的惡劣環境，艾維斯與卜萊斯因此將行程的精華都濃縮在情勢較平穩的阿里山地區。

[3] 柏科是裸子植物中分布最廣、分化最多樣的一支。其共有二十二屬，在南北半球都有分布，棲息的氣候類型從溼潤的溫帶雨林到沙漠都有，相差極大。此外，世界最高與最大的樹也都來自於本科，分別是紅杉屬（*Sequoia*）以及本文提到的巨杉屬。

● 曾經顛覆世人想像的加州巨杉　攝影：游旨价

此間親緣關係很遠，偏好的生長環境也不一樣。從分類學來看，巨杉是紅杉亞科巨杉屬（*Sequoiadendron*）現生唯一的成員，而紅檜則隸屬於柏木亞科扁柏屬（*Chamaecyparis*）[4]的大家族，兩個亞科之間分化的年代可以追溯到一億八千萬年前。在生態上，巨杉好火，紅檜好水。巨杉的生長需要靠林火來維持生存優勢[5]，因此目前只分布在內華達山脈西坡幾處林火好發的山谷中，那裡氣候乾燥，森林單調，地表往往只有稀稀疏疏的一層植被；而紅檜，它們喜生活於臺灣島上終年涼爽潮溼、綠意盎然的高山上，是我們口中暱稱的雲霧林巨人。然而除了這些生物學的基本差異，巨杉與紅檜之間最大的不同，也許還是體現在它們各自與人類相遇後的命運上。

十九世紀中葉，北美西部的拓荒者

面對著才剛被世人知曉的巨杉，心中並不是拜服於眼前雄偉的自然之奇，反而是燃起了征服自然的欲望。一八五三年七月六日，歷時近三週，第一棵巨杉終於被淘金客砍倒在地，一時成為轟動各界的新聞。儘管人們很快便發現成年巨杉的木材質輕且易脆，並不適合做為建材，但在往後的四十年間，砍伐巨杉大樹的風氣仍然不減，加上巨杉小樹仍有些經濟價值，最終還是導致了近三分之一的巨杉林消失。一直要到二十世紀初，也許人類終於厭倦了對大樹的征服，巨杉所代表的自然之美突然獲得了公眾的關注，更在有識之士的倡議下，搖身一變成為了亟待保育的神之奇蹟，間接地促進了早期美國國家公園系統的發展。當西方巨木在保育思潮下幸運留得一線生機，東方巨木紅檜的伐木悲歌卻才剛要響起。自從被日本政府鎖定為天然資源後，紅檜的命運就一直擺脫不了伐木需求的糾纏。

## ❖東亞巨木的悲歌

日本大和民族使用扁柏屬木材的歷史十分悠久，扁柏屬下的兩個日本特有種，日本扁柏（*Chamaecyparis obtusa*）與日本花柏（*Chamaecyparis pisifera*），自古以來就被視為最上等的建材，專用於神社與貴族屋邸的建設。然而經過千年的伐採，日本列島檜材的資源早已步入耗竭，此時臺灣檜木的現身，對大和民族來說不啻為一個天上掉下來的寶藏，既是植物學上的驚人發現，也是經濟上的意外之喜。

●4 扁柏屬是一類十分古老的裸子植物，在地球曾經溫暖的時代，廣布北半球，然而現在僅存六種，只出現在北太平洋兩岸溫暖潮溼的海岸或山區。臺灣除了紅檜（*Chamaecyparis formosensis*）之外還有一種，就是臺灣扁柏（*Ch. taiwanensis*），全球其餘四種則各自分布在北美洲（兩種）和日本（兩種）。雖然所有扁柏屬的植物都不矮小，但扁柏屬的拉丁屬名卻源於希臘文的chamai（矮小）和kuparissos（柏木），意思是像柏木的矮樹。扁柏屬與其他屬的主要差異在於特別小的毬果。

●5 巨杉的生活史和林火息息相關，成年的巨杉樹皮十分厚實可耐火燒，它們的毬果會在火燒後很快開裂，傳播種子。而巨杉幼苗需要充足的陽光，因此林火可以協助清除地表植被的發育，讓幼苗有機會成長。

## 神木的形成與長壽機制

木本植物莖的生長主要可以分為初級和次級兩類，其中初級生長可以使植物長高，而次級生長則會使植物的莖幹變粗。理論上，木本植物生長到一定年齡以後就不會再長高，而除了灌木之外，多數木本植物主幹的維管束形成層每年都還是能分裂出新的韌皮部和木質部，因此只要它的壽命夠長，便可以不斷地變粗變大，進而形成所謂的神木。然而為什麼某些樹種的年齡可以長達幾百或是上千年呢？樹木長壽的機制一直是一道神祕的生物之謎，在目前有限的研究裡，一個樹種是否能夠具備神壽，主要還是與遺傳以及生理上的特性有關。譬如扁柏屬的植物大都具有極長的生活史，通常要成長至五十年左右才能開花結果，這是它們本身的遺傳特性。另一方面，扁柏屬的木材裡也具有可以防止白蟻或真菌感染的次級代謝物，因此可以避免掉一些生物因素的脅迫，此為生理上的特性。

在千年銀杏樹的研究裡，研究人員則發現銀杏的形成層不論年齡，都可以一直保持著活性，且體內和免疫有關的抗病基因的表現並不因年齡增加而下降，使得銀杏可以達到近乎不老的狀態。然而，不論是扁柏還是銀杏，神木是否能形成，通常也與生長與衰老過程中的外在因素有關。像是在熱帶生長的樹木，不僅病蟲害極多，物種間的競爭也較為激烈，大多數的樹木皆難以安穩生長。而在地層活動頻繁的地區亦較難出現神木，這是因為大地的變動使得樹木難以長久生長。

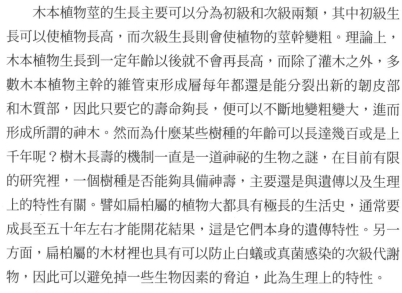

● 長滿山坡的紅檜林，遙想日人眼中的無盡藏之景。 攝影：謝佳倫

● 紅檜，雲霧森林中的王者。 攝影：吳偉豪

臺灣檜木和日本檜材都是亞洲最優質的木材種類，它們材質堅韌又防腐耐蟻，沁有獨特的芳香。在臺灣，檜木是島上自產木材中最高級的一類，常用於建材、傢俱用材與木藝品原料。十九世紀末，初來阿里山探勘的日本人看見滿山的紅檜，不可置信地喚其為「無盡藏」，意即無盡的寶藏。歷經了半個世紀的伐採，阿里山的檜林雖然在二戰結束日本人離開後有了短暫的休養，但到了一九六〇年代，這片綠色寶藏又再次因為戰後的社經發展，而成為國民政府關注的對象。在這一次的大砍伐中，政府不僅針對阿里山，更將伐採對象擴大到全島的原始檜木森林。彼時，臺灣林業靠著從美國引進的觀念和技術，建構了四通八達的森林鐵道，用一條條鋼纜將檜木與其他貴重的針葉樹材從深山野嶺送到山腳的工廠，經過加工，然後出口到鄰國換取民生與軍需用品。國民政府這般美式一條龍的經營模式雖然順利滿足了需求，卻也在一九七〇至一九八〇這短短十年間，消滅了臺灣山林中大部分原生的紅檜與臺灣扁柏族群。如今，這段林業歷史雖然成為殖民者與開發者心中緬懷的黃金年代，卻同時也諷刺地為人類消滅檜木的行為做出了永恆的認證。

紅檜除了在文化與經濟上具有價值，它另一方面鮮為人知的是，在生物地理學上同樣是一種知識的寶藏。當時初來臺灣的卜萊斯除了驚懾於紅檜的外形，也詫異為什麼這傳說中的東亞巨木竟只出現在太平洋一隅的小島，而不是古老的東亞大陸上。在他眼中，雖然人們對紅檜在生活上的好處十分清楚，但是對於它本身的生命故事，像是起源地與傳播到臺灣的過程，都所知甚希。

究竟紅檜的祖先是誰？從哪裡來？它現生親緣最近的姊妹物種是誰？和扁柏屬裡其他物種間的關係又是如何？

從生物地理學的視角來看，解開紅檜身世之謎的線索肯定就藏在扁柏屬的地理分布地圖中。現生扁柏屬植物主要分布在北美洲與東亞島弧，分別由三組特有在美國、日本和臺灣的物種所組成。這個分隔在太平洋兩側的奇特分布，乍看像是造物主無意的安排，讓人摸不著頭緒，然而當研究者深入探究之後，才驚奇地發現這一切並非偶然，而是一個充滿故事性，千萬年來扁柏屬與地球歷史共同演化的結果。

## 藏在太平洋兩岸的生物祕密

扁柏屬的地理分布之所以是解開紅檜身世之謎的線索，其中一個關鍵便是物種和土地之間的關聯。很多時候，新物種演化的契機往往涉及了一些地表重要的地質事件（像是一座島嶼的誕生或一座山脈的隆起），因此，假設每個現生扁柏屬特有種的誕生和它們現今分布地的誕生有關，那麼它們各自的起源年代應該至少都可以追溯到其依存土地的地質年齡。利用這樣的連結，研究者們可以輕鬆地重建出一個扁柏屬的演化和傳播過程。以扁柏屬來看，目前最古老的分布地是北美洲，次為日本，然後是臺灣，因此最古老的扁柏屬譜系最有可能就是北美洲的種類，然後才是日本的扁柏屬種類，最年輕的則是臺灣的種類。這同時也意味著臺灣的扁柏屬植物可能根源於日本，而日本的物種則來自於北美洲。在這裡我們先將它簡稱為「分布地起源假說」。這個假說，事實上在加入分類學的分析後顯得更有說服力，因為從形態來看，紅檜與日本花柏本來就十分相似。[6]

然而當我們攤開世界地圖，將扁柏屬分布區域標出來後，這個「分布地起源假說」似乎又有什麼地方令人懷疑。任誰都能發現，全球最大的海洋——太平洋正橫亙在北美洲和亞洲之間，扁柏屬的大樹既不能如鯨豚般泗泳海洋，也不能和信天翁一般千里翱翔，它們究竟該如何跨越太平洋這道天然障礙，完成從北美洲來到日本再到臺灣的旅程呢？

6　雖然日本花柏與紅檜形態相似，但是日本花柏鮮少長成壯碩的巨木。

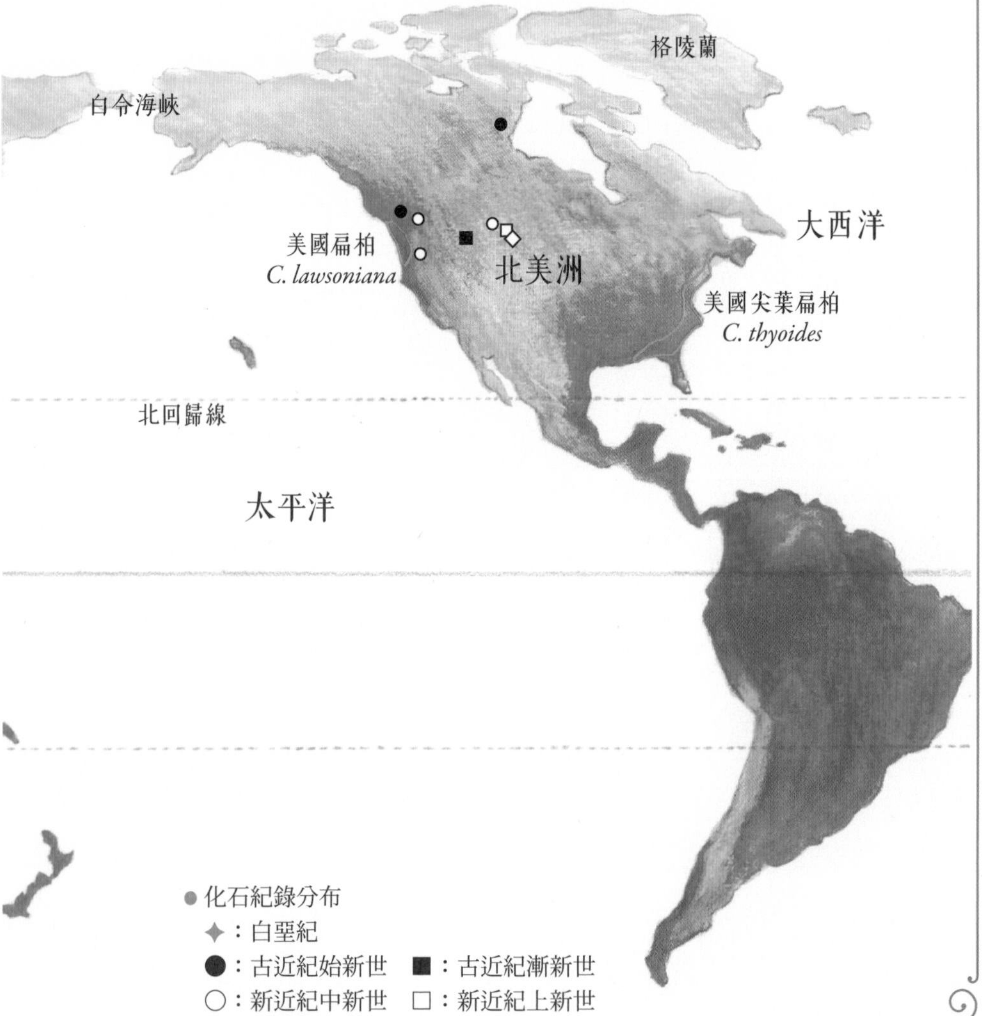
格陵蘭
白令海峽
大西洋
美國扁柏
C. lawsoniana
北美洲
美國尖葉扁柏
C. thyoides
北回歸線
太平洋
化石紀錄分布
✦：白堊紀
●：古近紀始新世 ■：古近紀漸新世
○：新近紀中新世 □：新近紀上新世
◇：第四紀

# 全球扁柏屬現生種類與化石紀錄分布圖

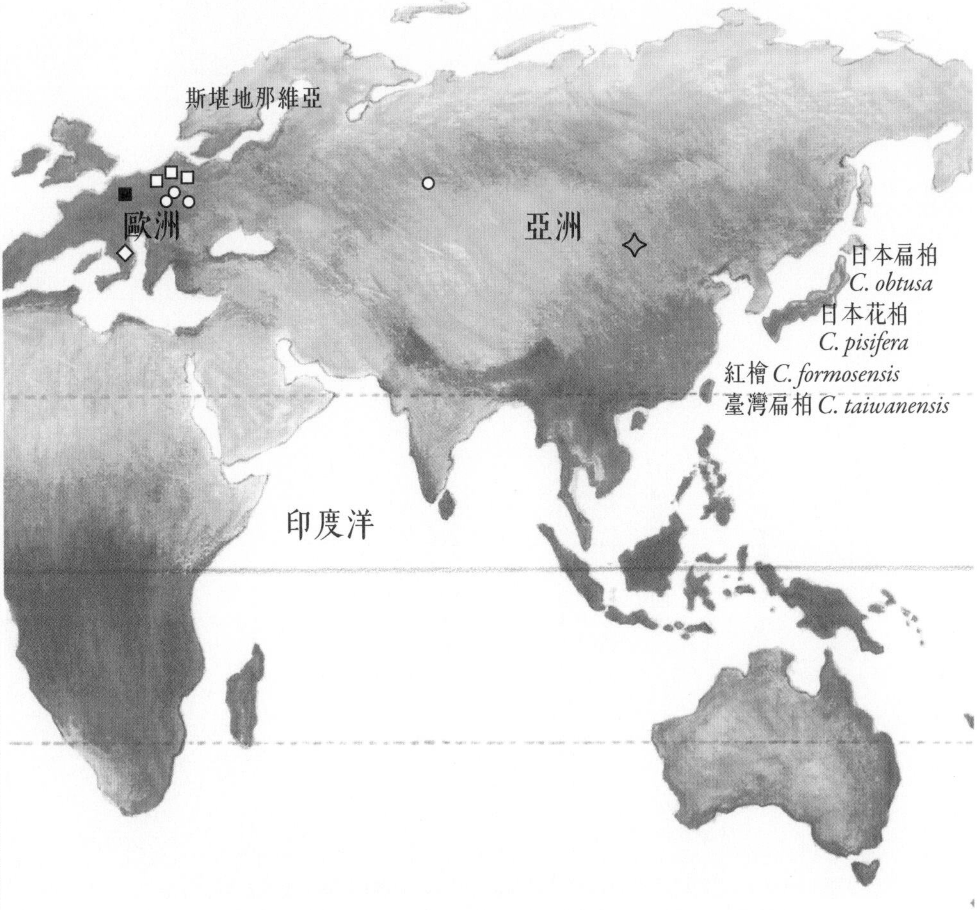

● 扁柏屬植物現存六種，主要分布在北太平洋兩岸的海岸或山區。
臺灣生有紅檜與臺灣扁柏兩種，其餘四種則是
北美洲的美國尖葉扁柏與美國扁柏，日本的日本扁柏與日本花柏。
繪製：黃瀚嶢、游旨价

在生物地理學裡，扁柏屬這種分布跳躍在太平洋兩側的形式，有一個正式名稱叫做「東亞－北美間斷分布」（East Asia – North America disjunction）。令人驚訝的是，扁柏屬並不是唯一具有這種分布特性的生物，自十八世紀中葉以來，學者們早已報導了快兩百多種具有類似地理分布形式的生物種類，它們從娃娃魚到人蔘，包含了許多外型與生活史迥異的類群。所謂「間斷」（disjunction），是指同種生物不同族群間，或親緣關係相近的物種間，因為被高山、沙漠、海洋或各種不適合生長的地理屏障所阻隔，而產生分布不連續的狀況。

究竟為什麼會有這麼多帶有親緣關係的生物類群被這樣奇特地分隔在太平洋的兩端呢？

一直到現在，「東亞－北美生物間斷分布」都是生物地理學裡最經典且誘人

● 阿薩・格雷（Asa Gray, 1810-1888），十九世紀美國最具學術聲望的植物學者。©Wikimedia commons

● 7 阿薩・格雷 (Asa Gray, 1810-1888)，十九世紀美國最具學術聲望的植物學者，達爾文的學術知己。格雷在認識達爾文之前很長一段時間都是一位基督教牧師，卻因為研究「東亞－北美間斷分布」漸漸走出了神創萬物的世界，最終站上了演化論的美國戰場，成為達爾文在新世界最有力的擁護者。格雷在達爾文出版《物種起源》後，在哈佛大學一個菁英匯集的社團裡高談演化論，招致阿加西為首的反對聲浪，最終導致美國第一回演化爭議。

● 8 阿加西 (Louis Aggasiz, 1807-1873)，瑞士裔美國博物學家，十九世紀比較動物學以及地質學的權威，師事居維葉與洪堡，並在中年時期移民美國成為哈佛大學的教授，晚年則成為美國反對達爾文演化論最主要的學者。

● 黑船事件。1853年美國海軍出現在江戶灣，向海灣附近數個建築開火展示了優勢的軍事力量，逼迫日本幕府打開通商大門。

©Wikimedia commons, Lithograph by Sarony & Co., 1855, after W. Heine - Library of Congress.

的一項熱門議題。回顧相關研究發軔的十八世紀，由於自然神學盛行，「神的安排」（God's plan）是絕大多數知識分子解釋這種分布模式的標準答案。然而神的意志延續了一個多世紀，卻意外地在十九世紀美日兩國間一場外交衝突中被迫中斷。一八五三年七月，日本史上發生了著名的黑船事件，不懷好意的美國培理遠征隊（Perry Expedition）駕著黑色船艦來到江戶外海，以隆隆炮火逼迫日本幕府打開國門進行通商。往後，日本進入半殖民地社會，日本列島的各類生物因經貿活動而產生了附帶的科學價值，開始被美國的博物學者有系統地記錄與採集。隨著大量生物標本持續被送回美國，美國博物學界因此有了獨一無二的機會得以比較東亞、北美兩地之間生物相的異同。只是沒想到，這些來自日本的生物標本，最終竟間接引發了美國生物學界裡首次神學與演化論的公開對決。

在我們生活的時代，儘管達爾文在《物種起源》裡主張的觀點已是科學界解釋生物多樣性起源的經典，然而在其成為當代圭臬之前，自然神學其實一直不斷地在干擾它的發展。一八六〇年，美國生物學社群曾為了辯證東亞—北美生物間斷分布形成的原因，在哈佛大學展開一場神學與演化論的辯論。當時兩造雙方各由著名的生物學者阿薩．格雷（Asa Gray）[7]與阿加西（Louis Aggasiz）[8]做為代表，他們各自舉例論述，生物出現在東亞與北美間的間斷分布到底是神的安排還是地球的主宰。

對阿加西這個早在歐陸成名已久的學者而言，格雷也許只是個美國本土栽

## ❖ 東亞—北美間斷分布發現簡史 ❖

學術上關於東亞—北美間斷分布最早的文獻可能出現在一七五〇年代瑞典博物學者林奈（Carl Linnaeaus）的學生的一篇論文裡，論文作者哈倫涅斯（Jonas P. Halenius）記錄了九種同時分布在西伯利亞斯勘察加半島與加拿大的植物種類。雖然在此之前，這種生物間斷分布的現象已被商業活動給間接報導過，像是有名的花旗蔘（*Panax quinquefolius*）。一七一六年，法國傳教士拉菲托（Pere Lafitau）在加拿大蒙特婁首次發現了北美洲原生的人蔘，自此人蔘不再只是獨有於亞洲的珍貴藥材，在北美洲開始了廣泛的栽植。

一七六四年，著名的瑞典植物學者通貝里（Carl Peter Thunberg）撰寫了亞洲第一本植物誌——《日本植物誌》，並在其中舉出了二十種原本最先在北美洲被發現的植物種類。在通貝里之後不久，義大利植物學者卡斯提格里奧尼（Luigi Castiglioni）首次討論了北美洲和日本植物相之間的相似性，卻不幸地沒有激起更進一步的討論。一直要到一個世紀之後的一八五〇年代，格雷著手投入這個神祕的生物間斷分布現象，才成功將其介紹到了主流科學界。

如今雖然我們已經發現更多奇特的生物間斷分布形式，像是某些高山植物展現在東喜馬拉雅與臺灣之間的間斷分布，但東亞—北美間斷分布做為生物史上第一個發現的間斷分布，在生物學與自然史上引發的關注從未衰減，而這個間斷分布也因為格雷的深入研究，被稱作「阿薩格雷間斷分布」。

培的普通學人。然而格雷之所以能夠勇敢挑戰阿加西，為生物東亞—北美間斷分布提出一個基於演化論的假說，其中一個關鍵正是萊特（William Wright）於北太平洋科考隊（North Pacific Exploring Expedition）期間在日本列島所採集的植物標本。萊特在北美自然史裡並不是一位大人物，但他與格雷合作多年，是格雷科學研究路上最信賴的一位助手。靠著萊特精心採集與製作的標本，格雷才能發現許多具有東亞—北美間斷分布的植物可能根本不是同一個物種，只是在外觀形態上十分相似的生物。在達爾文的想法裡[9]，格雷發現的這些相似又不相似的生物，應該是共享同一個祖先的一對「變異體」（variety），它們之間之所以有形態差異，是變異體各自適應了北美洲與亞洲環境的結果。據此，格雷進一步推測，這些變異體的共同祖先應該曾經同時分布在北美洲和亞洲，彼時兩塊大陸之間可能曾以陸橋相接，而在之後陸橋因氣候變遷消失，此共同祖先也因此被分割成了北美洲與亞洲兩個族群，在地理隔離的作用下，逐漸變成了兩個形態有些差異的變種。然而對阿加西等持自然神學論者來說，格雷的發現並不是什麼特殊的現象，因為在萬物不變的前提下，這些「變異體」間的差異，不是導因於遠古地理的變化，就只是人類重新發現了一批「新」的生物，那不過就是神在亞洲的另一批生命創作。

究竟「東亞—北美間斷分布」是一項神蹟還是一段可以依循科學思維來解釋的歷史情境？在格雷與阿加西的爭論裡，最終橫跨在自然神學與演化論之間的似乎只剩下信仰的代溝。不過對於一個無神論的科學工作者來說，神的安排並沒有

[9] 達爾文的演化論對於生物的核心想法在於生物是可變化的，這也反映在他對生命產生的形式的看法，他認為生命的分化一如樹枝生長一分為二。達爾文在《物種起源》裡以「變異體」做為相對原物種的新物種的代稱，與現代分類學法規裡「變種」位階的意義不一樣。

提供細節，亦不可否證，但格雷的假說可以，它著實呈現出了一個基於客觀證據而推想出的歷史過程，最重要的是，這個歷程是可以被科學方法檢驗的。

## 消失的陸橋，失落的世界

格雷假說裡的那座陸橋真的存在嗎？而它究竟位於何方？如果它已經消失了，我們有任何方法可以前往過去找到它嗎？

雖然時空旅行到現在都還只是一種空想，但是為了追閱生命的歷史，科學家還是有辦法穿越時空回到過去，他們掌握的關鍵正藏在地球的岩層裡。化石，一直是探討生命演化時最重要的直接證據，在《物種起源》中達爾文就以兩個章節說明，連續的化石紀錄是他重建生命之樹時的重要依據。儘管化石資料十分重要，然而在現實世界裡，生物的化石卻往往稀有且不具時空的連續性，也因此雖然格雷假說問世已經超過一個世紀，科學界對它的檢驗仍在持續著，之間所遭遇的困難正好反映了化石的特性——許多「東亞—北美間斷分布」的生物類群都缺乏完整的化石紀錄。

正因為這樣的窘境，讓扁柏屬的化石顯得特別。目前全球已知的扁柏屬化石紀錄已有十七筆，它們來自北半球的不同地區，且幸運地在古近紀（Paleogene，又譯為古第三紀）到新近紀（Neogene，又譯為新第三紀）[10]的幾個重要地質時期中都有

[10] 新生代裡的古近紀與新近紀，是兩個影響現代生物分布格局最重要的地質時代，它們緊接在白堊紀之後，以漸新世為界，古近紀起於六千五百萬年前，而新近紀結束於約二百六十萬年前，新近紀之後緊接的是第四紀更新世。

出現。如同早期研究者曾使用分布地的地質年齡來重建扁柏屬傳播過程的方式，利用化石與分布地之間的關聯（也就是藉由觀察化石在不同時空尺度中的分布與形態），研究者也可以提出另一種相對於「分布地起源假說」的假說。而這次，這個包含了化石的假說（之後簡稱為「化石假說」），在結合了古環境的資料後，將幫助我們跨越廣大的太平洋，找到格雷假說裡消失的陸橋，連結起大洋兩岸的生物。

整體來說，雖然新生代裡北半球主要陸塊的分布和現代已經頗為相似，但在早期古近紀時的北半球仍存有一個重要的古今差異，那就是分裂的古歐亞大陸。彼時歐亞大陸不若現在的連續，它被圖爾蓋海峽（Turgai Strait）分成了亞洲與古歐洲兩個亞陸塊，前者靠著白令陸橋（Berling Land Bridge，今白令海峽一帶）與北美洲西部相連，後者則以古格陵蘭島和芬諾斯坎底亞所形成的島嶼系統與北美洲東部相連。這兩座大島，當時面積比現代還大，且座落的緯度位置也較南邊。它們與北美洲和古歐洲之間僅由幾片狹窄的海洋相隔，正好讓某些傳播能力較強的生物可以在其間遷徙或傳播，因而又被稱作北大西洋島橋系統（North Atlantic Land Bridge, NALB）。

在這個大陸與大島彼此相通的古近紀，扁柏屬在北半球的分布展現了與現今迥異的連續性，化石紀錄幾乎環繞了整個北半球。到了新近紀，歐亞大陸大致合併，古日本列島也在此時出現，北大西洋島橋則因為歐亞大陸的合併加上格陵蘭島的北漂而消失，使得北美洲與歐亞大陸之間的連結只剩下了白令陸橋。這時

●11 第四紀冰河期又稱為更新世冰河期，是指從約二百五十八萬年前開始的一段冰室地球時期，在此期間，南極大陸與格陵蘭島形成了長久性的冰蓋，歐亞大陸北方與北美洲北方亦出現了面積廣大的大陸冰蓋，在全球各大山脈則產生了廣泛的山岳冰河地形。

●12 臺灣的扁柏屬化石主要以花粉形態呈現。

## 古近紀北大西洋島橋與白令陸橋位置圖

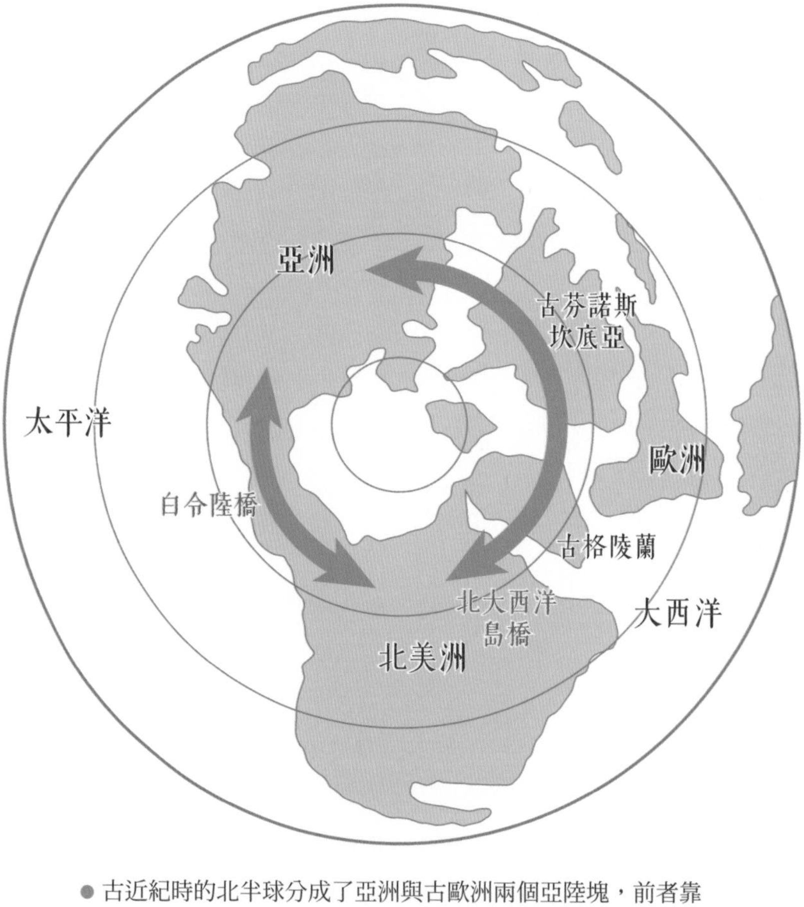


● 古近紀時的北半球分成了亞洲與古歐洲兩個亞陸塊，前者靠著白令陸橋與北美洲西部相連，後者則以古格陵蘭和古芬諾斯坎底亞島嶼與北美洲東部相連。這兩座大島讓某些生物可在其間遷徙或傳播，因而被稱作北大西洋島橋系統。

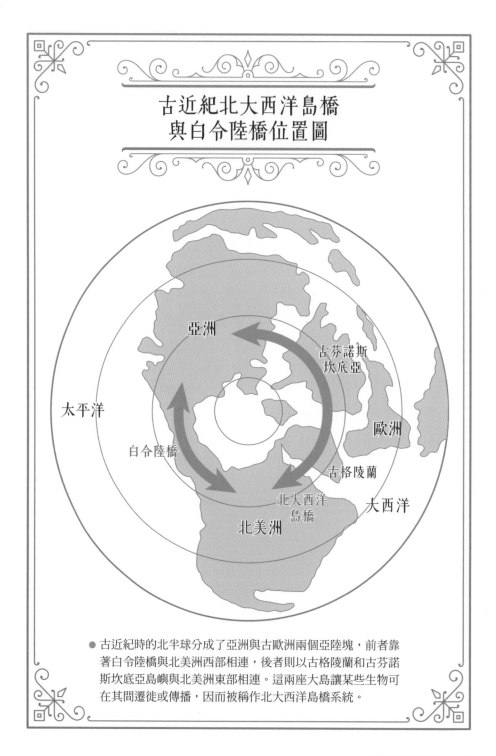

候，扁柏屬化石雖然仍在北美洲、歐洲有分布，卻在多數亞洲地區（除了日本列島）缺席。到了第四紀（Quaternary）冰河時代[11]，扁柏屬的化石只出現在北美洲、歐洲南方以及臺灣。[12]（參考第五十四頁地圖）

藉由這些化石紀錄所創造的時空序列，研究者歸納出一個結論，雖然如今扁柏屬的分布看起來像被分隔在大洋兩側，但古代扁柏屬植物其實在北半球的分布比現代要來得廣，它們在不同時代，靠著已經消失了的北大西洋島橋與白令陸橋在兩塊大陸之間傳播。也因此，雖然格雷當時並沒有任何關於扁柏屬化石的資訊，但這兩個古代陸橋應該最有可能就是格雷假說裡提到的消失的陸橋。最後，當最古老的來自白堊紀的扁柏屬化石在東亞北方（中國大陸內蒙）出土，研究者終於能為「化石假說」的內容做出總結。與「分布地起源假說」不同的是，「化石假說」認為扁柏屬起源於東亞，之後可能分成多路經由陸橋，各自前往了北美洲、歐洲和亞洲其他地區，但是後來歐亞大陸上的族群因為不明原因滅絕，僅留下了北美洲和日本與臺灣的族群。

## ❖發生在歐陸的滅絕事件

在格雷的推測裡，生物的東亞—北美間斷分布是因為陸橋消失導致生物被分隔在東亞與北美兩地所造成的。而我們此刻雖然靠著「化石」成功地找到了格雷

表一❖不同地質時期全球扁柏屬化石的分布

| | 白堊紀末 | 古近紀 | 新近紀 | 第四紀 | 現代 |
|---|---|---|---|---|---|
| 北美洲 | | ✓ | ✓ | ✓ | ✓ |
| 亞洲大陸 | ✓ | ✓ | ✓ | | |
| 歐洲 | | ✓ | ✓ | ✓ | |
| 日本 | | | ✓ | | ✓ |
| 臺灣 | | | | ✓ | ✓ |

假說裡消失的陸橋，但是「化石假說」卻還是沒有告訴我們，到底是哪一座陸橋的消失才造成了現今生物間斷分布的格局？

若單從扁柏屬**現生物種**的分布來看，白令陸橋的消失應該要比北大西洋島橋更有可能造成間斷分布，因為地緣上它如今的化身——白令海峽，正是現代北美洲與亞洲最靠近的地方，也就是說當白令陸橋存在時，只要上頭的環境適合，古代扁柏屬植物就可以一直靠著白令陸橋在亞洲和北美洲之間進行有效的交流。相對的，一旦白令陸橋的氣候不適合扁柏屬生存（例如冰河時期），或是被海水覆蓋（像是現在的海峽狀態），那麼扁柏屬原本在兩地間的連續分布就會因此被切開，進而形成了東亞—北美間斷分布。另一方面，雖然從現生物種來看，北大西洋島橋的消失與扁柏屬間斷分布較無關，但是化石紀錄卻暗示古代扁柏屬在歐洲的滅絕顯然也和間斷分布很有關係。試想，若是現代歐洲還有扁柏屬的物種，從地圖上來看，扁柏屬就不會有所謂的東亞—北美間斷分布了吧。因此歐洲扁柏屬的消失，與白令陸橋的消失一般，在探究「東亞—北美間斷分布」的原因上都扮演了重要的角色。

歐洲在第四紀時發生了什麼事情，竟導致扁柏屬植物全數滅絕？這場區域性的大滅絕，目前生物地理學者大多傾向與第四紀冰河期有關。上一次最大冰盛期據信發生在距今約兩萬六千年前，當時阿爾卑斯山脈以北的廣大歐洲地區都被厚重的冰河所覆蓋（至今廣布在荷蘭、德國和波蘭境內的諸多沼澤荒地，正是那片冰原留下的地景遺物）。歐陸冰河一路往南擴張，古代歐洲的植物只能被迫向南遷離，然而植物並非動物可以短期移動，許多種類因為來不及南遷而就地滅絕，順利南遷的種類，有很多仍不幸地被東西走向的阿爾卑斯山脈所阻隔。這座高聳、寒冷的山脈將它們囚困在山脈的北方，直到它們被冰河或冰河所帶來的殘酷氣候消滅為止。喜愛溫暖潮溼環境的扁柏屬植物，便是當時歐洲大陸上植物滅絕縱隊中的一員。[13]

## 東亞巨木哪裡來？

第四紀冰河期雖然讓地球逐漸變成了一顆冰封的星球，消滅了大量來不及適應寒冷氣候的生命，但在未被冰封的區域，卻也促進了某些生命的新生與交流。當扁柏屬植物在歐陸被冰河與阿爾卑斯山夾殺之時，在日本南方存活的扁柏屬植物卻在全球降溫的條件下，有了向低緯度帶拓殖的機會，像是到了臺灣島。

日本與臺灣扁柏屬之間的親緣關係，從葉綠體ＤＮＡ的分析中得到了驗證。有趣的是，研究結果發現，棲息在臺灣島上互為鄰居的紅檜與臺灣扁柏，兩者居然不是姊妹物種，反而一如形態學資料所建議的，日本花柏與紅檜，日本扁柏與臺灣扁柏，彼此才是各自的姊妹物種，這也暗示扁柏屬至少發生過兩次從日本來到臺灣的傳播事件。而從分子鐘推算，日本花柏傳播來臺的時間不晚於三百萬年

13 在第四紀，從化石證據可知，有些扁柏屬植物仍殘存在阿爾卑斯山脈以南的山區，這些扁柏屬雖然逃過冰河的直接侵襲，卻仍因為冰河所帶來的乾旱氣候，而在最近一、兩百萬年間滅絕。

前，正是地球準備進入冰河期的寒冬時刻。而日本扁柏則較近期，時間大概晚了一百三十萬年，落在了最大冰盛期結束後不久。撇除分子鐘本身可能有的偏差，日本花柏和日本扁柏來臺的傳播事件為何會錯開，目前還是研究者未能明白的研究議題。它可能與未知的古地理、古氣候事件有關，或只是單純因為日本扁柏儘管可能有過多次的傳播，卻直到一百三十萬年後那次才拓殖成功。

更有趣的是，當葉綠體DNA分析揭露臺灣的紅檜與臺灣扁柏並非姊妹種，而是**各自**源於日本花柏與日本扁柏的後裔，該分析也發現日本花柏和日本扁柏**各自**源於北美洲的兩個扁柏屬物種。其中，日本花柏與美國東岸的美國尖葉扁柏（*Chamaecyparis thyoides*）關係較近，而日本扁柏則與美國西岸的美國扁柏（*Chamaecyparis lawsoniana*）在同一個譜系裡。[14]也就是說，世界上現生的六種扁柏屬植物，在遺傳上可以分成兩大譜系，而每一個譜系都**各自**經歷過一段從北美洲前往日本，再來到臺灣的旅程，並在這三個地方各自演化出一個特有物種。

這個由葉綠體DNA得到的扁柏屬傳播過程（簡稱DNA假說），若是進一步將扁柏屬現存最近的姊妹屬福建柏（*Fokienia*）的地理分布一併考量的話，也可以推出一個新的可能起源地。由於福建柏屬最早的化石也見於古新世的亞洲大陸，因此扁柏屬和福建柏屬的共同祖先最有可能分布在東亞，對扁柏屬來說，這個結果也和「化石假說」一致。

現在也許我們可以回到最初的問題，究竟紅檜的祖先是誰？從哪裡來？它現

● 14 北美洲產扁柏屬植物裡，美國尖葉扁柏分布在東岸而美國扁柏則分布在西岸。美國尖葉扁柏和日本花柏的分化大概在一千四百萬年前，而美國扁柏和日本扁柏之間的分化年齡則年輕很多，大概約五百萬年前，顯示出兩個譜系前往亞洲的旅程雖然看起來相似，但是背後發生的原因和過程可能很不一樣。

生親緣最近的姊妹物種是誰？和同屬其他物種間的關係又是如何？

從表二來看，不論哪個假說，都支持臺灣的紅檜來自日本，而它現生親緣最近的種類就是日本花柏。然而日本花柏又是從哪裡來的？如果只考慮現生物種，那麼北美洲以及美國尖葉扁柏顯然是最有可能的解答。然而我們已經知道，在推論生物地理起源的時候，若是將化石資料納入考量，推導出來的結果可能很不一樣。可惜的是，目前研究者還沒有進一步解析現生扁柏屬兩大譜系與已經滅絕的歐洲扁柏屬植物的關聯。由於化石沒有ＤＮＡ可供分析，要探索這個關聯勢必僅能靠著比較形態上的異同來達成。究竟紅檜所屬的譜系，是從何處來到日本與臺灣的？是否和歐洲已經滅絕的扁柏屬物種有關，還是說歐洲滅絕的譜系與亞洲現代任何一支譜系都不是姊妹類群，僅是代表了一群失落的，永遠消失的扁柏譜系呢？

追尋紅檜身世的旅程似乎只能暫時停在這裡了，這半個世紀來，研究者從分布地、化石以及ＤＮＡ一路追溯，出乎意料地鑽入了一張複雜的生命之網和一段充滿可能性的歷史。此刻，對許多人來說，紅檜也許變成了臺灣山林中最令人熟悉卻又陌生的一種植物。

表二 ❖ 不同生物地理假說關於紅檜起源地與傳播過程的差異

| | 分布地起源假說 | 化石假說 | DNA假說 | 福建柏屬假說 |
|---|---|---|---|---|
| 起源地 | 北美洲 | 東亞 | 北美洲 | 東亞 |
| 可能傳播過程 | 北美→**東亞（日本）**→**東亞（臺灣）** | 東亞→北美或歐洲或東亞**（包括日本和臺灣）** | 北美→**東亞（日本）**→**東亞（臺灣）** | 東亞→北美→**東亞（日本）**→**東亞（臺灣）** |
| 化石資料 | 無 | 有 | 無 | 有 |

## 紅檜的種實

紅檜種子的傳播主要是藉由風力達成。紅檜的結實量極大，種子細小（約三到四公釐），重量極輕且帶有短短的薄翅，因此能夠傳播到較遠的地方。

● 具有寬翅的紅檜種子　攝影：楊智凱

● 紅檜嬌小的毬果　攝影：謝佳倫

## 熟悉又陌生的萬物連結

還記得小時候在溪頭第一次見到高大的溪頭神木時，心裡有多興奮和開心，那是我人生第一棵紅檜大樹，它就像是一位活生生從森林中走出的神靈，在童年時代乘載著我對山林無窮的好奇與景仰。不知道是從什麼時候開始，記憶中，紅檜的名字鮮少再與神木連結在一起，它是價格高昂的珍貴木材，也是山老鼠盜伐的對象，更是上個世紀臺灣森林被砍伐破壞的代表。直到在大學時代，開始跟登山社的夥伴在全臺山林裡到處闖蕩，在原始的雲霧林中，遇見了一棵棵逃過浩劫的紅檜大樹，我才又重新在心中喚起了童年時期對紅檜的感動，那種彷彿藉由大樹的指引，和森林從心連結，進而聽見了周遭大自然無聲的絮語。森林究竟想藉著紅檜大樹說什麼？在山徑上的我總會想著，是森林被破壞後悲憤的訴苦或埋怨嗎，還是對人類惡意的詛咒。可是感覺卻又不是。從觸摸紅檜大樹所感受到的，是自然一貫深邃的神祕。

開始研究生物地理學後，洪堡口中的「萬物的連結」逐漸在我眼中顯現。從每個關注的植物身上，我在追循著它們誕生的過程中，被帶著跨越山海，穿越時空，走入地球的歷史，結識了不同時代的學者，而其中，追尋紅檜身世的旅程，正是最精采的一段。森林想藉紅檜說的，我所感受到的神祕，應該是這個吧，是它們命定臺灣的理由，是臺灣山林古往今來，與世界的連結。

● 紅檜巨木彷彿是從山林中走出的神靈，乘載著人們對山林無窮的好奇與景仰。
攝影：謝佳倫

紅檜與巨杉都是現今植物世界裡最獨特的巨木種類，它們的命運體現了不同時代與地區的人們看待自然的方式，而紅檜在臺灣的出現，是東亞—北美生物間斷分布現象的一個環節，從格雷為了探究間斷分布的成因，致力將自然法則從神的意志中解脫，到現代研究者從化石與DNA分子嘗試還原出最有可能的古代植物傳播過程，藉由觸摸紅檜，這林林總總恢宏的訊息就會不斷湧入腦海。

近半世紀的伐木歷史雖然帶走了無數紅檜的身軀，卻帶不走紅檜所乘載的回憶。東亞巨木源起何方？這個問題涉及的時空尺度其實大過一個人，一個世代，甚至是一世紀的文明史，而尋找最後的真相，我們仍在路上。

## 參考文獻


Darwin, C.M.A. (1859) *On the origin of species by means of natural selection, or the preservation of favoured races in the struggle for life.* John Murray Publication, London.

Harvey, H. T. (1985) Evolution and history of giant sequoia. In: Weatherspoon C.P. et. al. (eds), Proceedings of the workshop on management of giant sequoia, *USDA Forest Service General Technical Report* PSW-95: 1-3.

Hung, K.-C. (2016) Plants that reminds me of home: collecting, plant geography, and a forgotten expedition in the Darwinian Revolution. *Journal of the History of Biology* 50(1): 71-132.

Huntley, B. (1993) Species-richness in north-temperate zone forests. *Journal of Biogeography* 20: 163-180.

Li, J., Zhang, D., Donoghue, M. J. (2003) Phylogeny and biogeography of *Chamaecyparis* (cupressaceae) inferred from DNA sequences of the nuclear ribosomal its region. *Rhodora* 105: 106-117.

Liao, P.-C., Lin, T.-P., Hwang, S.-Y. (2010) Reexamination of the pattern of geographical disjunction of *Chamaecyparis* (Cupressaceae) in North America and East Asia. *Botanical Studies* 51: 511-520.

Liu, Y.-S., Mohr, B. A. R., Basinger, J. F. (2009) Historical biogeography of the genus *Chamaecyparis* (Cupressaceae, Coniferales) based on its fossil record. *Palaeobiodiversity and Palaeoenvironments* 89: 203-209.

Martinetto, E., Momohara, A., Bizzarri, R., Baldanza, A., Delfino, M., Esu, D., Sardella, R. (2017) Late persistence and deterministic extinction of "humid thermophilous plant taxa of East Asian affinity" (HUTEA) in southern Europe. *Palaeogeography, Palaeoclimatology, Palaeoecology* 467:211-231.

Munné-Bosch, S. (2018) Limits to tree growth and longevity. *Trends in Plant Science* 23(11): 985-993.

Price, W. R. (1982) Plant collecting in Formosa. General Technical Report 2.

Svenning, J., Skov, F. (2007) Ice age legacies in the geographical distribution of tree species richness in Europe. *Global Ecology and Biogeography* 16(2): 234-245.

Svenning, J.-C. (2003) Deterministic Plio-Pleistocene extinctions in the European cool-temperate tree flora. *Ecology Letters* 6: 646-653.

Tiffney, B. H. (1985) The Eocene North Atlantic land bridge: its importance in Tertiary and modern phytogeography of the Northern Hemisphere. *Journal of the Arnold Arboretum* 66(2): 243-273.

Wang, L., Cui, J., Jin, B., Zhao, J., Xu, H., Lu, Z., Li, W., Li, X., Li, L., Liang, E., Rao, X., Wang, S., Fu, C., Cao, F., Dixon, R. A., Lin, J. (2020) Multifeature analyses of vascular cambial cells reveal longevity mechanisms in old *Ginkgo biloba* trees.

*Proceedings of the National Academy of Sciences.*

Wang, W. P., Hwang, C. Y., Lin, T. P., Hwang, S. Y. (2003) Historical biogeography and phylogenetic relationships of the genus *Chamaecyparis* (Cupressaceae) inferred from chloroplast DNA polymorphism. *Plant Systematics and Evolution* 241: 13-28.

Wen, J., Ickert-Bond, S., Nie, Z.-L., Li, R. (2010) Timing and modes of evolution of eastern Asian-North American biogeographic disjunctions in seed plants. Darwin's heritage today: *Proceedings of the Darwin 2010 Beijing international conference*: 252-269.

Wen., J. (1999) Evolution of eastern Asian and eastern North American disjunct distributions in flowering plants. *Annual Review of Ecology and Systematics* 30(1): 421-455.

Xua, X.-H., Yang, L.-Y., Sun, B.-N., Yuan, J.-D., Dong, C., Wang, Y.-D. (2018) A new discovery of *Chamaecyparis* from the Lower Cretaceous of Inner Mongolia, North China and its significance. *Review of Palaeobotany and Palynology* 257: 64-76.

Yang, Z.-Y., Ran, J.-H., Wang, X.-Q. (2012) Three genome-based phylogeny of Cupressaceae s.l.:Further evidence for the evolution of gymnosperms and Southern Hemisphere biogeography. *Molecular phylogenetics and evolution* 64: 452-470.

吳永華，《臺灣森林探險：日治時期西方人來臺採集植物的故事》（臺中：晨星出版，二〇〇三）。

# 2

# 來自南半球的小草

## 踏上山薰香的北飄之路

繪圖：黃瀚曉

「……在臺灣島所有植物裡，最令人驚訝的類群也許要屬山薰香了。這種繖形科的小草是澳大利亞植物相的成員，它在臺灣島上的發現不僅僅是島上的新紀錄，亦同時是北半球的新紀錄。」●1

——早田文藏，〈臺灣植物資料〉，一九一一年

## 鍾老師研究的神祕小草

二〇〇八年冬，我幸運地申請上森林系研究所。相較同期申請上的同學，他們因為在大學後期就進入研究室深造，對往後研究所要進修的方向早有眉目，我則因為大學時期都在登山，沒有累積任何學術專業與想法，所以在放榜後便立刻陷入不知該如何開展研究的窘境。直到和大學導師聊過之後，他直爽地建議我，既然喜歡爬山，不如去做跟高山有關的研究吧，並推薦了我一位準備到系上任教且研究高山植物的神祕人物。

趕在二〇〇八年結束之前，我第一次來到位於南港的中央研究院，為了和那位神祕的未來指導教授見面，我花了一些時間摸索，總算在偌大的院區找到植物暨微生物學研究所，並在一間放滿著分類學文獻的實驗室裡見到鍾國芳博士。素昧平生的鍾老師十分熱情，花了將近三小時為我這個科研門外漢解釋他的博士班研究主題。這次的會面最終成了我人生一個很重要的際遇，它不僅為我打開生物

●1 早田文藏可能受限於當年手邊的研究資源，因此不知道墨西哥一帶的高山也有山薰香，事實上臺灣與墨西哥都是山薰香分布的北限。

●2 繖形科是一個幾乎在全球都有分布的草本類群，包含了四個亞科，約四百三十個屬，近三千八百個物種。其中臥芹亞科（Azorelloideae）和參棕亞科（Mackinlayoideae）加起來僅有三十餘種，大部分都在南半球。而物種多樣性最高、包含數千種的芹亞科（Apioideae）和山芹菜亞科（Saniculoideae）則是以北半球為分布中心。繖形科植物以其美麗的繖形花序為特色，包含許多日常生活實用的蔬菜與調料種類，像是孜然、芹菜和當歸。

●3 雪山主峰步道7.8k開始會進入一片臺灣冷杉純林，由於冷杉高大且生長密集，遮蔽了天光，使得林下環境就算在白天也十分陰暗，因此被山友稱作黑森林。

● 在世界的盡頭探索山薰香的鍾國芳老師（阿根廷火地島，Estancia San Pablo）
攝影：鍾國芳

地理學的大門，也讓我看見植物學的新視界。鍾老師主要關注的是一類名叫山薰香的繖形科[2]小草以及它奇特的環太平洋分布的成因。由於彼時自己對臺灣島在世界植物區系裡的地位仍不理解，因此關於鍾老師研究裡出現的許多關鍵字，像是岡瓦納古陸（Gondwana）、長距離傳播等等，為何能與臺灣連結在一起感到一頭霧水。

隔年盛夏，我與登山社的夥伴一同攀登雪山與翠池。途經黑森林[3]，刻意將注意力放在腳下各種綠得撩人的草本植物上，希望能找到鍾老師摯愛的山薰香。由於那時對於認植物並不在行，因此費了許多心力才終於在某棵臺灣冷杉腳下找到了一小叢山薰香。我端詳著眼前這株不起眼的小草，心裡不禁再次對它特別的身世產生滿滿的疑竇。多年之後，我終於積累到了足夠的知識理解自己指導教授的研究，也能為當年在雪山的自己釋疑了，而這一切原來都與遙遠南半球的高寒植物有關。

## ❖跟著山薰香前往南半球的植物世界

臺灣，甚至整個東亞，基本上很少有來自南半球的高寒植物（alpine plants），這也是為什麼山薰香在臺灣的現身讓早田文藏如此驚訝的原因。基於地理位置以及曾和中國大陸相連的歷史事實，早田文藏很早就體認到臺灣中海拔的溫帶植物相整體上與華東或華南地區十分相似，多數臺灣出現的物種也可以在這兩個地區找到，而高海拔的高寒植物相則與西南地區的橫斷山脈或北半球中高緯度溫帶地區相似，譬如日本列島。而唯獨山薰香，它兩者都不屬於，是臺灣高山上唯一起源於澳洲植物區系的類群，因此很可能成為早田文藏第一次見到的南半球高寒植物。

雖然擁有令人驚奇的身世，但山薰香在臺灣[4]並沒有什麼知名度，似乎只是山友腳邊眾多無名的高山小草之一。它此刻甚至也不再是分類學裡一個獨立的屬，原本的山薰香屬（*Oreomyrrhis*）在近期的分子親緣關係研究中，因為與細葉芹屬[5]（*Chaerophyllum*）呈現駢系關係[6]，已被併入細葉芹屬內，失去了持有一百七十年的名字。目前山薰香與北美洲兩種、歐洲兩種的細葉芹共同組成了細葉芹屬下的細葉芹組（*Chaerophyllum* sect. *Chaerophyllum*），然而不論名字或是分類位階如何改變，對於山薰香獨特的地理分布都不會有任何影響。山薰香是如何來到臺灣的，藉由深入探究這個生物地理學問題，我們將獲得一個難得的機會，從臺灣的特有

●4 目前臺灣界定有三種山薰香，都是生長在高寒環境（alpine）的特有種，其中除了山薰香（*Chaerophyllum involucratum*）在全島有著比較廣泛的分布外，其餘兩種——臺灣山薰香（*C. taiwanianum*）與南湖山薰香（*C. nanhuense*）只局限分布在幾座高山的山頭上。

●5 細葉芹屬除了山薰香譜系外約有三十五個物種，加入山薰香後則有近六十種，大致分布在歐亞大陸、美洲地區和北非等地。

●6 某一分類群其內所有支序雖然都擁有一共同祖先，但從親緣關係樹來看，該分類群並沒有包含該共同祖先所有的後代支序，而被遺漏的後代支序與其他源於同一共同祖先的後代支序彼此間的關係就稱為駢系（paraphyletic）。例如鳥與爬蟲類的關係就是駢系關係，因為從親緣關係來看，鳥與爬蟲類裡的龜、鱷、蛇等都有一個共同祖先，但鳥卻沒有被包含在爬蟲類裡，而是獨立稱作鳥類。在支序分類學的概念裡，爬蟲類因而變成了一個駢系群（paraphyletic group），不能夠做為一個合理的分類自然單元，需要與鳥類做合併。

植物來認識南半球多采多姿的植物演化歷史。

身為土生土長的北半球居民，我們其實沒有察覺到自己眼中的植物世界和南半球很不一樣，因為地球歷史之故[7]，南北半球各自主要的植物類群在千萬年前便早已分家。然而這群我們無比陌生的南半球植物，兩個世紀前卻啟發了諸多北半球博物學者們的奇思繆想。譬如達爾文，甫自劍橋大學畢業後不久便隨小獵犬號前往南半球進行科學考察，從那趟旅程裡，他在南半球獨特的自然歷史啟示下打開了演化論思想的大門，這其中包含了南半球的植物。往後的時光中，南半球的植物仍持續引發了諸多有趣的生物學討論，也多次促進了生物地理學研究的典範轉移，成為瞭解

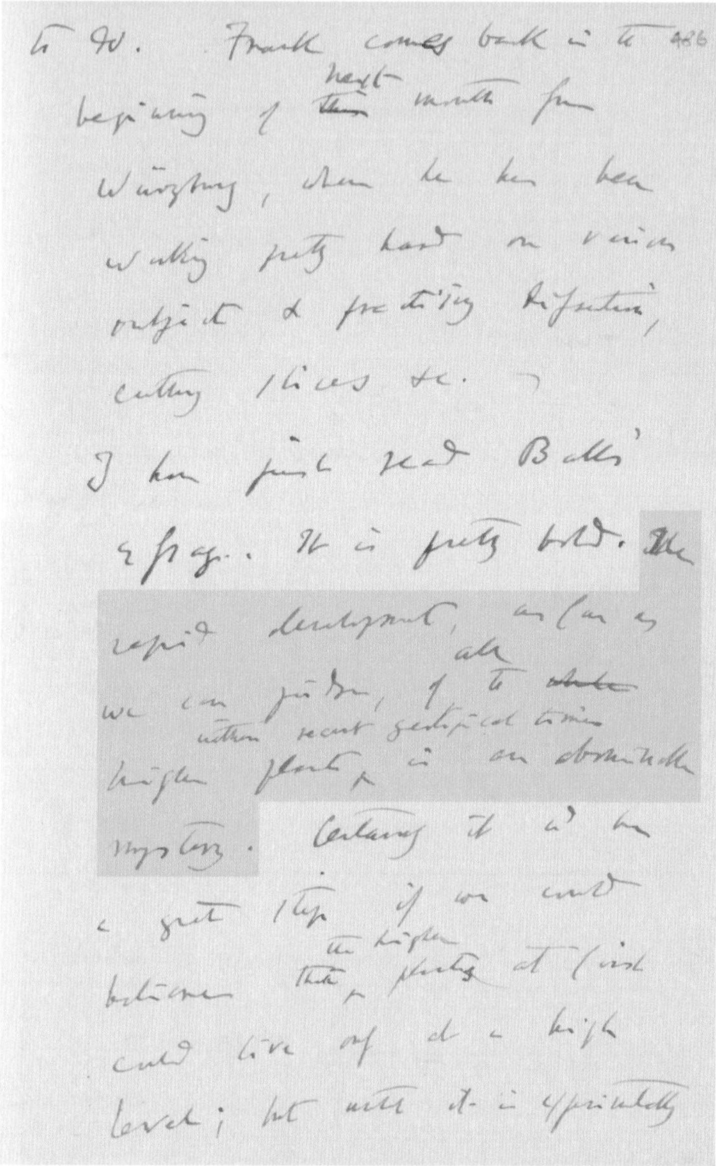
to W. Frank comes back in the beginning of next month from Würzburg, where he has been working pretty hard on various subjects & practising dissection, cutting slices &c.—
I have just read Ball's essay. It is pretty bold. The rapid development, as far as we can judge, of all the higher plants within recent geological times is an abominable mystery. Certainly it wd be a great step if we could believe that the higher plants at first could live only at a high level; but until it is specifically

**●達爾文的討厭之謎●**

達爾文在1879年給虎克的信件裡，第一次用討厭之謎（Abominable Mystery）這個詞來形容自己的疑問。本段原文為：The rapid development as far as we can judge of all the higher plants within recent geological times is an abominable mystery.（檢視目前所有的高等植物，實在難以想像，它們怎麼能在那麼短的地質年代裡快速地分化出來，這真是一個令人討厭的謎題。）

資料提供：劍橋大學數位圖書館 ©Cambridge University Library

全球植物演化歷史時不可錯過的一個精采章節。

一八七九年達爾文曾在一封短信中向好友虎克提到：「……檢視目前所有的高等植物[8]，實在難以想像，它們怎麼能在那麼短的地質年代裡快速地分化出來，這真是一個令人討厭的謎題。我想，解決這個問題的契機可能會是在南半球某一塊很早就與其他大陸分離開來的獨立之所，那裡可能是高等植物誕生之地，但這也只是一項差勁的猜測罷了……。」

達爾文著名的討厭之謎（Abominable Mystery）正是源於這段文字的前半部。相信對植物演化稍有研究的人，對討厭之謎一詞肯定不陌生，它頻繁地出現在當代各種植物學的書籍或期刊裡，被植物學者們用來點出現生高等植物多樣性在白堊紀之後突然爆發性增加的現象。可惜的是，多數人都太聚焦在討厭之謎上了，導致文字的後半部經常被忽略，若是將整段文字完整來看，達爾文其實已在其中為大家點出了南半球大陸在植物演化上所扮演的獨特角色。為什麼達爾文會覺得解開高等植物多樣化之謎的線索藏在南半球的某塊大陸上呢（雖然他自承是個不負責任，差勁的推測）？其中最主要的一個原因應該和南半球的地質歷史有關。和北半球相比，南半球其實擁有更多獨立的陸塊與群島，而且它們形成和隔離的歷史都很古老，因此達爾文一直認為南半球可能比北半球更有機會保存著一些古老的植物。事實上，目前最古老的被子植物——無油樟（*Amborella trichopoda*）就恰好出現在澳洲東方外海上的新喀里多尼亞島上（New Caledonia），該島曾經是澳洲的

●7 在侏儸紀之前，地球曾經存在過一片超大陸——盤古大陸（Pangea），它在侏儸紀開始之後逐漸分裂成一北一南兩大陸塊，分別是北半球的勞亞古陸（包含了現今的歐亞大陸與北美洲），以及南半球的岡瓦納古陸（包含了現今的南極洲、南美洲、非洲、澳洲與紐西蘭）。

●8 1902年，達爾文與虎克的這封信才被公開發表。該信編輯按照當時科學界關注的討厭之謎，對達爾文的文字進行了與原意稍不同的解讀。早在1875年達爾文給赫爾的信件中，就已經開始用被子植物（Angiosperms）一詞來代替雙子葉植物（Dicot），因此，以現代的觀點來看達爾文的討厭之謎，實際上是指被子植物在白堊紀後多樣性突然暴增的現象。

一部分，約在距今八千七百萬年前從澳洲分開。[9]另一方面，不論討厭之謎的名聲有多響亮，其實對生物地理學者來說，這些陸塊是否為解開討厭之謎的關鍵之鑰並沒有那麼重要，重要的反而是它們奇特的海陸配置，以及其上植物所呈現出的間斷分布格局，那才是南半球植物演化最吸引人的部分。

綜觀南半球三大洲（南美洲、非洲、澳洲），彼此分別被寬闊的海洋所隔離，最遠的兩端，也就是南美洲南端與澳洲，其間更是相差了快一萬兩千公里。有趣的是，不論這些陸塊看起來有多孤絕，十九世紀的博物學家卻相繼在這些陸塊之間發現了許多植物間斷分布的奇異現象。究竟南半球的植物是如何在這些高度隔離的大陸之間交流與傳播的，為此博物學家們爭論了一個多世紀，直到魏格納（Alfred L. Wegner）於一九一二年提出大膽的板塊漂移假說（Continental drift）後，才逐漸有了一致的說法。[10]一九六〇年代之後海洋擴張假說進一步發展，將板塊漂移假說整合成板塊構造理論（Plate tectonics），成為如今解釋南半球植物間斷分布時最主流的答案。簡單來說，在板塊構造理論裡，南半球的植物間斷分布基本上可能都與岡瓦納古陸的分裂歷史有關。他們假設這些植物曾在岡瓦納古陸有著廣泛的分布，後來因為板塊的裂解與漂移而被隔離成不同的族群，或演化成不同的物種，進而產生如今的間斷分布格局。

做為南半球最有名的特有植物，以及南方溫帶森林中最優勢的樹木，南方山毛櫸科（Nothofagaceae）[11]一直是生物地理學者用來探討岡瓦納古陸裂解與間斷分

●9 無油樟是新喀里多尼亞島的特有植物，它的發現雖然看似與達爾文的推測契合，但其實並沒有真的幫助到世人解開達爾文的討厭之謎，反而還讓謎題變得更加複雜了。會這樣說的原因在於，根據最新的地質資料，新喀里多尼亞島在六千到四千萬年間曾經被海水所淹沒，暗示無油樟應該是在海水退去之後才出現在新喀里多尼亞島上的。如果是這樣，這樣的起源歷史與無油樟從分子定年分析中所得到的一億三千萬年的起源年齡並不相符，使得新喀里多尼亞島做為被子植物起源地的假說受到挑戰。究竟最古老的被子植物起源於何處，這個討厭之謎至今仍然還在尋找答案的路上。

●10 板塊漂移學說並非一出現就被接受，要到二十世紀中，隨著海底鑽探技術的成熟以及海底擴張理論的發展才逐漸得到佐證並普及。

● 雲青岡（*Fuscospora fusca*），又稱紅南方山毛櫸（red beech），
特有於紐西蘭，是島上重要的經濟樹木，可合成著名的南青岡素（nothofagin）。
繪圖：王錦堯

布最經典的案例。這個科的種子既不能通過海水傳播，也不能藉助風力散開，但現存的四個南方山毛櫸屬內，卻各有許多近緣物種被發現間斷分布在南美智利與澳洲東南角兩地。對於這個令人咋舌的分布格局，板塊構造理論深信唯有經由板塊的移動才能夠產生，但是整個過程的細節究竟又是如何發生的呢？

想要追溯生物演化的歷史，化石永遠是必備的指南針。南方山毛櫸科的化石最早可以追溯到白堊紀晚期的馬斯垂特階（Maastrichtian; Upper Cretaceous）[12]，然而在千萬年後的白堊紀末期，化石紀錄卻顯示，除了已經北漂的非洲大陸，岡瓦納古陸裡尚未裂解的陸塊（像是南美洲、南極洲與澳洲等陸塊）上頭都已有南方山毛櫸科植物的分布。它們與其他具有類似分布的動植物共同組成了一個獨特的古生物相，稱為威德爾（Weddellian）生物地理區系。地球歷史上，威德爾生物區系存在的時間並不長，在古近紀古新世晚期與始新世早期（約五千五百萬年前），它因為南美洲的分裂而開始瓦解，到了漸新世（約三千五百萬年前），當南極洲徹底與澳洲分開後，威德爾生物區系終於算是徹底分崩離析。儘管表面上不復存在，威德爾生物區系裡的成員並沒有因此滅絕，它們各自在分離的大陸上持續繁衍與演化，唯獨南極洲的成員，因為南極洲的南漂後被冰封，就像搭上了一艘死亡之舟，悉數航向了滅絕的終點。這個古老的地質事件，在板塊構造理論者的眼裡，也正是導致南美洲與澳洲兩地的南方山毛櫸物種形成間斷分布的關鍵。

近代，隨著DNA分析技術興起，板塊構造理論者的論點在現生南方山毛

11 南方山毛櫸的分類在DNA分子分析出現後開始有些爭議。在此之前，分類學者通常將其處理為殼斗科底下的一個屬（廣義單屬的論點），但目前較多學者依據DNA分析傾向將其做為殼斗目底下的一個科，狹義上由四個屬約四十餘種組成。它們是常綠或落葉的小樹或灌木，特有於南半球南美洲（智利、阿根廷）和澳大拉西亞（Australasia）地區（包含澳洲、紐西蘭、新幾內亞和新喀里多尼亞）。自新生代來，南方山毛櫸一直都是構成南半球溫帶森林的優勢物種，也因此成為探討南半球植物地理學的絕佳研究素材。

12 其名由來乃因該地層在荷蘭的馬斯垂克（Maastricht）被發現。

## 南方山毛櫸科分布圖

繪製：游旨价

櫸科的分子親緣關係與定年分析裡得到了佐證。研究結果指出，南方山毛櫸科的祖先約在白堊紀晚期時（約八千四百萬年前）自北半球山毛櫸目（Fagales）裡分化出來，隨後便進入了南半球加入威德爾生物區系的大家庭，展開獨自的演化之旅。分子定年分析也進一步指出，目前間斷在南美洲南部和澳洲的南方山毛櫸科植物，兩者大概在漸新世時開始分化，剛好是南極洲逐漸遠離南美洲與澳洲的年代。兩個事件在時序上的呼應，正好支持南方山毛櫸之間的交流受阻是因為南極洲的漂移才導致的。

# 威德爾生物地理分布圖

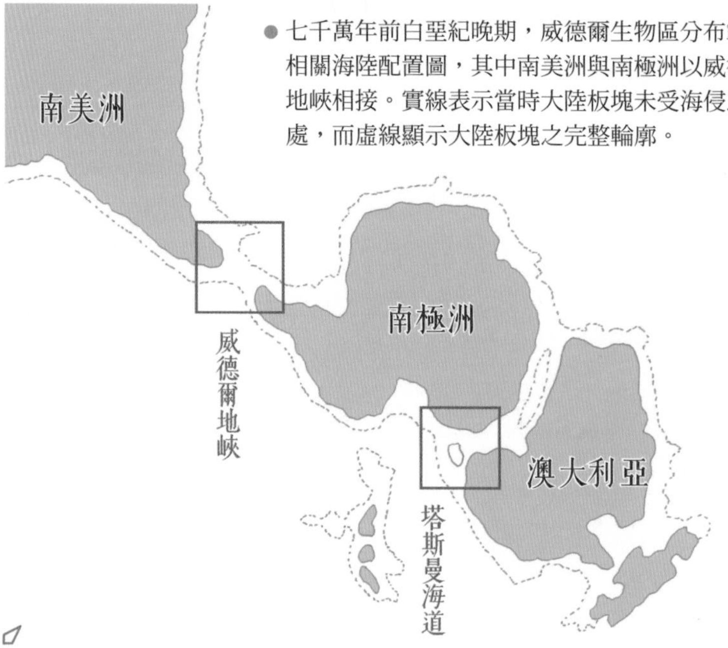


● 七千萬年前白堊紀晚期，威德爾生物區分布範圍相關海陸配置圖，其中南美洲與南極洲以威德爾地峽相接。實線表示當時大陸板塊未受海侵之處，而虛線顯示大陸板塊之完整輪廓。

繪製：游旨价

# 雲青岡屬植物現生與花粉化石分布圖

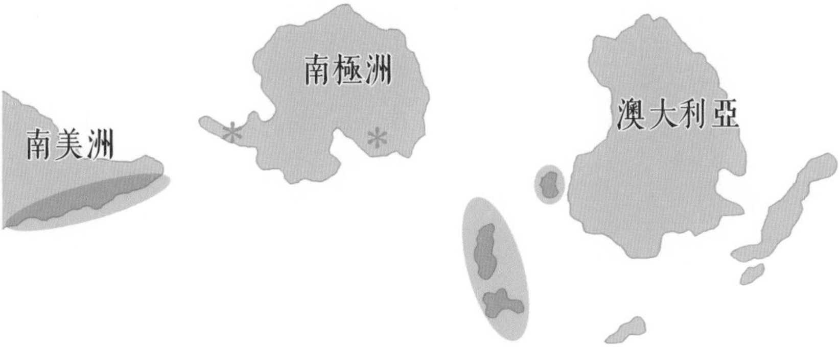


● 雲青岡屬（*Fuscospora*）的植物目前間斷分布在南美洲南部、紐西蘭與塔斯馬尼亞。（圖中綠色區域）
而根據南極洲該屬化石的分布（如圖中＊表示），可推測雲青岡屬可能也是威德爾生物區系的成員。如今的間斷分布乃是因為板塊漂移所致。
本圖陸塊位置約為始新世與漸新世。
繪製：游旨价

## ❖挑戰板塊構造論的長距離傳播假說

儘管板塊構造論在二十世紀下半葉一度被奉為解釋南半球植物間斷分布的圭臬，但在它問世之前，十九世紀的博物學者們對於生物間斷分布的議題，主要可以分成陸橋和長距離傳播（Long-distance dispersal）兩個學派，其中又以陸橋假說在當時較為盛行，長距離傳播反而較不被學界所青睞。為什麼會有這樣的落差，究其原因可能與長距離傳播事件的本質有關。一般來說，雖然許多生物都具有傳播他地的能力，但大抵還是有一定的距離限制。然而長距離傳播假說認為，生物在偶然的條件下，可以憑藉著特定的外部環境力量，在短期內達成數百或數千公里的遠距離傳播。不喜愛長距離傳播假說的人認為，如果長距離傳播的機制真的普遍的話，那麼世界上大部分生物的分布格局都可以藉由這種方式形成，並且解答所有生物地理學的問題。然而最重要的一個原因可能還是在於，當時長距離傳播假說並無法像陸橋假說一般，可以經由地質學或是古生物學的證據來推論或驗證。

長距離傳播假說雖然在生物界裡不普遍，但仍有發生的可能，而植物正是長距離傳播的佼佼者。不像動物具有主動傳播的能力，植物則是在種實被傳播的能力上十分傑出。由於多數植物的種子都具有休眠性，可以在發芽之前處於休眠狀態一段時間，因而讓植物種實發生長距離傳播的機率提高。總的來說，形態各異的果實或種子，配合著多樣的傳播媒介，譬如大氣環流、水漂或動物的取食與體表沾附，便可以讓植物輕鬆跨越過許多地理障礙。甚至某些植物種實憑藉著一些力量特別強大的傳播媒介，像是颱風、季風、海潮或是遷徙能力特別突出的動物（像是鳥類），更有機會一下子就跨越了極大的地理屏障。

對這些傑出的植物旅行家來說，距離不見得是問題，機緣才是關鍵，要完成長距離傳播，先需要機會和這些強大的自然媒介相遇，相遇了要有本事能在旅程中不要死掉，最後，還要幸運地落在一個適合的棲息地上，唯有所有條件都齊全了，才能成功。在十九世紀，雖然長距離傳播假說不是主流，但是它卻有一個著名的粉絲——達爾文。在為期五年的小獵犬號之旅中，他一方面對植物在太平洋小島上或是南半球各大洲間所展現的間斷分布格局感到驚訝，一方面也在心裡大膽猜測這種現象可能是與陸橋之外某些特殊的傳播機制有關。

「……我認為在未來，大陸間曾在較近的地質年代裡以陸橋彼此相連的說法也很難獲得證明，尤其是那些，認為現存的海洋島嶼也都曾與大陸（以陸橋）相連結的說法……」

達爾文因此開始關心起植物藉由海潮傳播的可能性。在結束小獵犬號的旅程之後，他在家鄉對海漂種子進行了深入的研究，他與友人展開一連串的實驗，像是將植物的種子浸入鹹水（為了模擬海水）測試它們是否能存活，結果驚訝地發現，在實驗的八十七種種子中，有六十四種在浸過鹹水二十八天後依舊能發芽，而且少數在浸過一百三十七天後仍存活著。接著他又興致勃勃地將九十四種植物的帶果枝條乾燥後放入海水，想看看它們漂浮的能力有多好，結果顯示在試驗的所有物種裡，有十八種植物的乾燥枝條可以漂浮二十八天，其中有些還可以繼續漂浮更久。這些實驗成果，讓達爾文對於植物種實長距離傳播的潛力大為信服，他說道：

「約翰斯頓（Alexander K. Johnston）在《地文圖》（*The Physical Atlas of Natural Phenomena*）上表明，某些大西洋海流的平均速率可達到一日三十三英里（有些海流的速率甚至可達一日六十英里）。依照這種速度，假設有一重量輕且耐鹽的種子可以在海水上存活二十八天，那麼它就可以漂行九百二十四英里到達其他地區，並且假如擱淺之後有風把它吹到比較內陸一點適合生長的地點，它就有機會發芽長大呢。」

DNA分析雖然為板塊構造理論解釋間斷分布帶來了嶄新的證據，但當愈來愈多的南半球植物分子定年結果被報導後，研究人員漸漸發現，許多間斷分布的植物的起源年代居然沒有想像中的古老，無法呼應板塊裂解的時間。舉例來說，甚至是在板塊構造理論當中最經典的南方山毛櫸科裡[13]，有許多隔著塔斯曼海

## 虎克的陸橋假說與南半球的植物間斷分布現象

達爾文的摯友，十九世紀英國最著名的博物學者虎克（Joseph Hooker），年輕時曾為隨船博物學者，跟著幽冥號（HMS *Erebus*）與驚恐號（HMS *Terror*）前往南極洲測量海岸線。在為期四年的航途裡（一八三九至一八四三年），虎克利用船務空閒採集了大量的植物與藻類標本。返回家鄉後，基於他的收藏和田野經驗，接連出版了一系列生物地理學的經典作品，像是《南極植物誌》（*Flora Antarctica*，首卷於一八四四年出版）、《紐西蘭植物誌》（*Flora Novae-Zelandiae*，一八五三年）、《塔斯馬尼亞植物誌》（*Flora Tasmaniae*，一八五九年）。在《紐西蘭植物誌》裡，虎克首次討論了澳洲、紐西蘭和南美洲植物間彼此的親緣關係，他特別點出這三個陸塊雖然相距甚遠，但是卻生長著形態極為相近的植物種類，顯示出意想不到的近緣性。爾後，虎克一直十分在意這個現象，並認為這樣的分布模式值得與北半球一些獨特的植物分布地理格局一同深究下去，最終提出了一個假說。虎克借用當時著名地質學者萊爾（Sir Charles Lyell）的理論，認為這三個陸塊之間應該曾經由許多陸橋（Land Bridge）彼此相連，只是如今都已沉陷。而三塊大陸上之所以會有形態相似的植物，正是因為曾經彼此相連，使得植物有相同的起源。虎克的假說在當時顯得有些異想天開，因為當時學界普遍認為地球上的陸塊是靜態的，各大洲從出現之初應該就是在此刻的位置上。

● 奇萊山上的臺灣山薰香　攝影：游旨价

（Tasman Sea）分布在澳洲與紐西蘭島的近緣物種，它們之間的分化年齡被推估在始新世（五千五百萬年至四千萬年）內，比紐西蘭島與澳洲分離的地質年齡（約八千萬年前）年輕了不少，明確拒絕了板塊構造理論的觀點。

## ❖ 飄向北方，北半球山薰香的起源之謎

近二十年來，大量南半球植物分子親緣關係研究出現，讓研究人員益發傾向認為長距離傳播比板塊構造理論更有可能是造成南半球植物間斷分布的主要機制，這其中也包括了山薰香。根據分子定年的結果，山薰香的起源年代大約是新近紀到第四紀（約五百萬到兩百萬年前），遠遠年輕於任何已知的南半球古陸裂解事件，研究人員因而推測山薰香跨越太平洋的間斷分布應該是靠著某種長距離傳播的機制來完成。此外，由於南半球咆哮西風帶的緣故，這些長距離傳播的案例裡以由西向東的事件比例特別高。在這樣的背景下，像山薰香這樣南半球起源且大多是南半球分布的植物，跨過赤道來到北方的案例就顯得很耐

人尋味。此外，值得注意的是這些北傳東亞的植物，終點通常以中國大陸西南地區的高山居多，像山薰香這樣獨獨出現在臺灣島上，卻沒有出現在東亞大陸的情況真的十分奇特。究竟山薰香是如何來到臺灣島的呢？

一般來說，繖形科植物的傳播是靠著將果實沾黏到動物身上，然後再藉由動物的攜帶遠走他方。它的分果[14]上通常具有一對鉤角，配上果實表面的突起結構，可以有效地沾黏到長毛的動物身上。然而奇怪的是，在細葉芹屬裡這對用來幫助傳播的鉤刺卻被發現變得比較小，甚至在山薰香的譜系裡還更為退化。雖然鉤角功能的喪失在繖形科裡意味著對傳播不利，但研究人員卻進一步發現某些山薰香種類的果實較許多繖形科植物來得小。由於較小的果實對於沾黏在鳥類身上可能較有優勢（比較不會造成鳥類飛翔的負擔），因此這些山薰香有可能依靠著鳥類來傳播，尤其如果依靠的是某些具遷徙性，飛翔能力強大的海鳥，要做到洲際間的傳播似乎並不是不可能。

然而種實喪失主動沾附功能的山薰香要如何跑到海鳥的身上？針對像山薰香這類高寒植物的長距離傳播事件，美國著名的保育生物學家瑞文博士（Peter Raven）曾提出一個說法。在末次冰河期時，高寒植物的棲地由於被山岳冰河所覆蓋，因此被迫往低海拔移動，有些種類因緣際會來到海岸地區，獲得了與跨洋遷徙的鳥類（像是信天翁）接觸的機會。雖然山薰香因為鉤角退化而降低了附著在動物身上的能力，但在千變萬化的種實傳播技能裡，海濱潮溼的環境提供了另一種特殊

●13 主要是南方山毛櫸科裡冠青岡（*Lophozonia*）或雲青岡（*Fuscospora*）這兩個屬的物種。

●14 離果（schizocarp）：果實成熟時，會按心皮數分離成數片各自包含一枚種子的分果瓣，之後心皮再分離，進而形成數個分離的分果。繖形科的分果屬於雙懸果類，成熟時兩個心皮由合生面分離形成一對懸垂的分果。

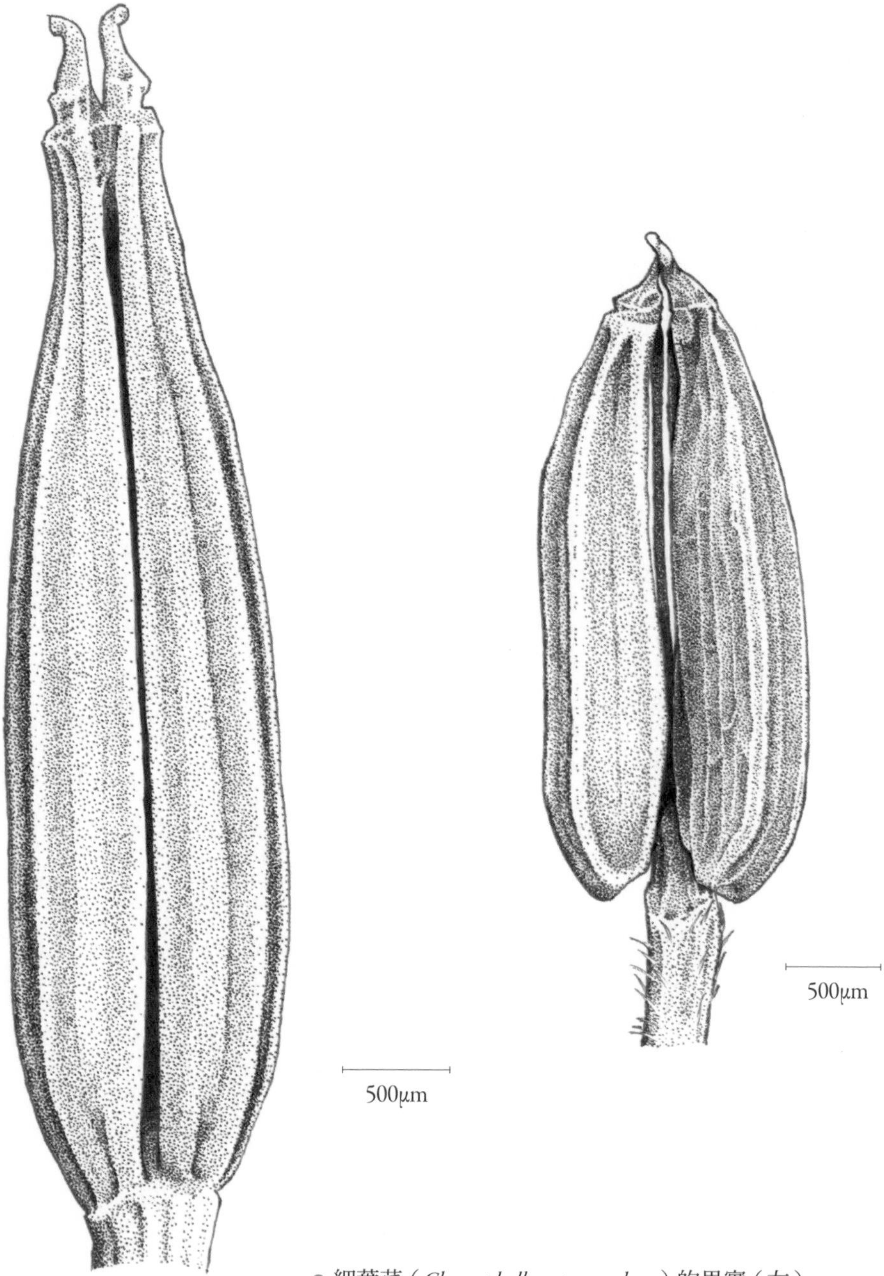


● 細葉芹（*Chaerophyllum procumbens*）的果實（左）與山薰香（*C. involucrata*）果實（右）的比較，可見後者整體大小又比前者小一些，分果上的鉤角也更為不明顯。
繪製：王錦堯

## ❖ 高山的定義 ❖

中文裡關於高山一詞最常見的定義是指地質上的高山（high mountain），也就是指稱具有一定海拔落差的山區。然而有些地理學者認為高山不能只單看海拔，還需確認是否存在高寒環境（alpine environment）。所謂高寒環境是指森林界線以上，地表多岩脊，氣候寒冷、多風的區域。近期有些學者更進一步明確指出高山需要具有更新世雪線、位於森林界線之上且具寒凍風化或冰緣區等地理特徵。儘管這三個指標在世界各地所在的海拔各有不同，甚至在某些地方某一指標的重要性可能又高於另兩個。

的動物沾附方式——黏土沾附。靠著海濱泥巴或是溼土的黏性，山薰香的果實可以不用依靠自身特別的果實結構，輕鬆黏附到鳥類的腿腳或爪蹼上。綜合上述情境，研究人員推測山薰香這令人不解的長距離傳播可能就是靠著依附在跨洋翱翔的海鳥身上，才能順利來到北半球的。最近，澳洲的高寒植物研究者從生態實驗中發現，生長在澳洲東南部大雪山山脈[15]的四種山薰香，有三種的果實傳播是單純受重力牽引落地，傳播的距離非常短；只有一種叫作墊狀山薰香（*C. pulvinifica*）的種類，它的果實因為重量不到其他三種的一半，因此可以在落地的途中，依靠氣流帶動將傳播距離增加到二十米，直接證實了較小的山薰香果實可以傳播較遠的推論。然而，研究人員也心知肚明，二十米這樣的傳播距離，顯然並沒有辦法讓山薰香能夠完成跨越大洋的旅程，長距離傳播對山薰香來說，顯然真的是一個偶然事件，就像瑞文博士提出的假說一般，需要在適當的機遇下，才有辦法實現北飄的旅程。

## 山薰香在臺灣

在鍾老師的山薰香分子親緣關係研究裡，由於臺灣山薰香物種的姊妹群都是婆羅洲、澳洲或者新幾內亞的種類，因此其起源地最有可能是南半球的這些地方。進一步，臺灣產的三種山薰香自成一個單系群，與婆羅洲神山（Mt. Kinabalu）上的婆羅洲山薰香（*C. borneensis*）互為姊妹類群。可惜的是，臺灣山薰香和婆羅洲山薰香彼此之間分化的年齡目前仍然未知。不論如何，由於整個山薰香起源的年代十分年輕，大概介於新近紀晚期到第四紀之間，彼時南北半球的海陸配置大抵已與現代無異，因此山薰香從南半球來到臺灣的過程不太可能涉及陸橋或是板塊漂移，最有可能的方式還是長距離傳播。在如今的東亞島弧上，臺灣是許多候鳥過境的中繼站，其中不乏有些在南北半球之間往返的鳥類。雖然我們並不知道臺灣在過去的地質時代裡是否也是候鳥停憩的驛站，但只要有鳥類往返於南北半球之間，從前述我們對山薰香果實和習性的瞭解，山薰香肯定有完成這趟漂洋過海旅程的潛力。此外，如果山薰香真的是靠海鳥傳播，那麼也許能解釋為什麼它只出現在臺灣而沒有在中國大陸西南的高山了，因為後者可能根本不在海鳥遷徙的路徑上。

山薰香出現在臺灣的奇特現象，可能也與全球高寒生態系（Alpine ecosystem）的分布特性有關。從全球尺度來看，世界各地都有高寒生態系的分布，它並沒有

● 15 為澳洲新南威爾斯州東南部的山脈，屬於大分水嶺的一支，澳洲本土最高峰科修斯科山（海拔二二二八米）也座落於此。

因為氣候寒冷的特性而局限分布在高緯度地區，它的出現只與全球高山山脈的分布有關。高寒生態系可以出現在熱帶的瓜地馬拉、也可以在溫帶的日本列島或是亞熱帶的臺灣，只要哪裡有高山，哪裡就可能有高寒生態系的存在。也正因為如此，許多高寒植物跟山薰香一樣都是植物界裡的環球旅行者（globetrotter），只要它們跟上命定的機運，翱翔四海，世界各地都有它們可以落腳的地方！

● 智利百內國家公園一景（Torres del Paine National Park），南方山毛櫸、雪峰與瀑布。
攝影：鍾國芳

其實當自己開始有能力理解鍾老師山薰香的研究之後，我也一度和那些十九世紀的博物學者一般，覺得植物的長距離傳播有時候像是天方夜譚，對山薰香的旅程感到不可思議。直到從達爾文《物種起源》裡用地球歷史的長度來看待長距離傳播發生的可能性，我才終於對它的本質——稀有事件與隨機性，有了更多的體悟。總之，若是單從一個人有限的生命去看植物的長距離傳播，那的確有點難相信，但是如果用植物的角度去看，每個物種在幾百萬年的時光裡，有多少次的機會可以去嘗試遠行，只要這之中某次的飛翔或漂流成功了，間斷分布的格局也就於焉誕生，這樣說來，長距離傳播真的有那麼天方夜譚嗎？

探索山薰香的北飄之旅，讓我有機會重新去思考臺灣高寒生態系真正的珍貴之處。以前我和很多人一樣，在介紹臺灣的高寒植物相時，會不經意地著重在一些形式上的特色，像是特有種的數量，或是高寒植物美豔的外表。但是臺灣的高寒生態系裡，有一份十分特別的生物地理學底蘊，光是想像著山薰香必須擁有多少的「幸運」才能抵達臺灣，就足以讓我覺得臺灣的高山有多不可思議。如今全球高寒生態系都面臨著環境變遷的威脅，我們也已經知道山薰香本身的傳播能力極其有限，臺灣島上的山薰香若是想要再次依靠海鳥飛翔播遷他處，可能得等到下一次的冰河期到來。在目前全球氣候暖化的威迫下，它們只能循著等溫線往更高海拔慢慢傳播，直到哪天到了最高的山頂，就再也無處可去，只能走上滅絕一途，那時，臺灣將被抹去一段活生生的生物歷史，而東亞植物相也將就此失去一

● 山薰香如何來到臺灣的旅程，讓我們有了一個獨特的機會認識南半球植物的演化故事。

攝影：鍾國芳

段與南半球相連的回憶。

　　生活在這座島上的人，大多不知早田文藏對山薰香的驚嘆，或是知道了卻不明所以；而我則想像著若虎克仍在世，當他來到臺灣的高山上，他將會有多驚訝見到山薰香，這個他年輕時在南半球旅行結識的老朋友。

## 參考文獻


Chen, C.-H., Wang, J.-C. (2001) Revision of the genus *Oreomyrrhis* Endl. (Apiaceae) in Taiwan. *Botanical Bulletin of Academia Sinica* 42(4): 303-312.

Chung, K.-F. (2007) Inclusion of the South Pacific Alpine genus *Oreomyrrhis* (Apiaceae) in *Chaerophyllum* based on nuclear and chloroplast DNA sequences. *Systematic Botany* 32(3): 671-681.

Chung, K.-F., Peng, C.-I., Downie, S.-R., Spalik, K., Schaal, B. A. (2005) Molecular systematics of the trans-Pacific alpine genus *Oreomyrrhis* (Apiaceae): Phylogenetic affinities and biogeographic implications. *American Journal of Botany*

92(12): 2054-2071.

Cook, L. G., Crisp, M. D. (2005) Not so ancient: the extant crown group of *Nothofagus* represents a post-Gondwanan radiation. *Proceedings of the Royal Society B: Biological Sciences*: 272(1580): 2535–2544.

Hayata, B. (1911) Materials for a flora of Formosa. *Journal of the College of Science, Imperial University of Tokyo* 30: 1–471.

Heads, M. (2019) Recent advances in New Caledonian biogeography. *Biological Reviews* 94(3): 957-980.

Heenan, P. B., Smissen, R., D. (2013) Revised circumscription of *Nothofagus* and recognition of the segregate genera *Fuscospora*, *Lophozonia*, and *Trisyngyne* (Nothofagaceae). *Phytotaxa* 146(1): 1-31.

Hill, R. (2001) Biogeography, evolution and palaeoecology of *Nothofagus* (Nothofagaceae): The contribution of the fossil record. *Australian Journal of Botany* 49(3): 321.

Körner, C. 2003. *Alpine plant life: functional plant ecology of high mountain ecosystems*, 2nd ed. Springer-Verlag, Berlin, Germany.

Morgan, J. W., Venn, S. E. (2017) Alpine plant species have limited capacity for long-distance seed dispersal. *Plant Ecology* 218(7): 813-819.

Piwczyński, M., Puchałka, R., Spalik. K. (2015) The infrageneric taxonomy of *Chaerophyllum* (Apiaceae) revisited: new evidence from nuclear ribosomal DNA ITS sequences and fruit anatomy. *Botanical Journal of the Linnean Society* 178: 298-313.

Raven, P. H. (1973) Evolution of subalpine and alpine plant groups in New Zealand. *New Zealand Journal of Botany* 11: 177–200.

Rees-Owen, R. L., Gilla, F. L., Newtona, R. J., Ivanovića, R. F., Francisc, J. E., Riding, J. E., Vane, C. H., dos Santos, R. A. L. (2018) The last forests on Antarctica: Reconstructing flora and temperature from the Neogene Sirius Group, Transantarctic Mountains. *Organic Geochemistry* 118: 4-14.

Reguero, M., Goin, F., Hospitaleche, C. A., Dutra, T., Marenssi, S. (2012) *Late Cretaceous/Paleogene West Antarctica terrestrial biota and its intercontinental affinities*. Springer, New York London.

Van Steenis, C. G. G. J. (1971) *Nothofagus*, key genus of plant geography, in time and space, living and fossil, ecology and phylogeny. *Blumia* 19(1): 65-98.

Winkworth, R. C. (2010) Darwin and dispersal. *Biology International* 47: 139-144.

3

# 小檗之島

## 臺灣植物快速分化之謎

繪圖：黃瀚嶢

「對任何以追求美為己任的花園來說，它們的名聲很快就會被是否具有足夠的小檗收藏而評斷，因為沒有任何常綠灌木能像小檗一般提供如此多樣有趣的觀察之處。」

——希伯德（James Shirley Hibberd）[1]，《花的世界與花園指南》，一八六二年

## 惹人厭的小檗

在臺灣近五千種原生植物裡，小檗（*Berberis*）很特別，因為知道它的人很少，但討厭它的人卻很多。認識小檗的人大多是登山的人，他們在高山上常被小檗的刺戳得皺眉頭，背上的背包套也因此被戳出一個個小洞，小檗因此成為臺灣高山上最常與髒話為伍的植物之一。還記得剛從指導教授那裡接下研究臺灣小檗屬分類學的題目時，他曾說這個植物到現在都還沒人處理，就是因為太刺又長得不好看啦！的確，和其他帶刺的高山植物相比，小檗沒有高山薔薇（*Rosa transmorrisonensis*）般亮麗的花朵，也不像臺灣茶藨子（*Ribes formosanum*）有精美好吃的果實，更沒有塔塔加薊（*Cirsium tatakaense*）的名氣，可以成為千元鈔票的主角。它的外觀平凡無亮點，唯一的優勢大概就是很會長，在高山上長得到處都是。

然而，這類在臺灣被山友厭惡程度堪比蟑螂的植物，在臺灣以外的地方，似

[1] 希伯德（James Shirley Hibberd, 1825-1890）是英國維多利亞時代最受歡迎、最成功的園藝作家之一。他是三本園藝雜誌的暢銷編輯，其中包括《業餘園藝》（*Amateur Gardening*），這是現今唯一仍在出版的十九世紀園藝雜誌。他寫了十多本關於園藝的書，還有幾本關於自然歷史和相關主題的書。

乎就不是那麼惡名昭彰了。在智利與阿根廷，小檗是傳說中淒美戀人化身的卡拉法特（Calafate）；在印度是流傳千年的民俗藥材；在越南則是人們的止瀉良藥。小檗在英國多次獲得皇家園藝學會頒發的優良園藝植物獎（Award of Garden Merit）；它的果乾因為富含維他命，在土耳其被用於傳統菜餚，替人們補充活力；在俄羅斯西伯利亞，則被用來為巧克力與茶葉增添風味與營養。不論世界上的人們怎麼看待小檗，在我心裡，它就是一個研究了十年都還沒研究完的有趣植物，雖然它與世界各地人們之間的連結看似十分有趣，但做為一個生物地理學愛好者的我，小檗令我醉心的卻是它如何完成它的世界分布，尤其是如何來到臺灣的這段旅程。

## 揭開身世之謎：來自橫斷山脈的血脈

「我好像在夢中無意識地到處遊走，又像一個測量師不倦地做著細部的觀察。我到底要重看幾回才會心滿意足呢？」

——鹿野忠雄，〈卓社大山攀登行〉，一九二八年[2]

年輕的鹿野忠雄站在雄偉的卓社大山[3]之巔，眺望著遠方綿亙的臺灣高山。此刻，他在腦海中細想著一路攀登的過程，那一處處森林植被的變化以及採集到的各種新奇生物。昭和三年（一九二八年），這位未來將成為臺灣最有名的日籍

[2] 本文出自鹿野忠雄的《山、雲與蕃人》，此書是臺灣高山文學的濫觴與經典，中文版由楊南郡譯注，玉山社出版。

[3] 卓社大山位於南投縣，中央山脈西翼，標高三三六九公尺，是干卓萬群峰中最高的山頭。

## 巴塔哥尼亞的卡拉法特果

位於南美洲南端橫跨智利與阿根廷的巴塔哥尼亞（Patagonia），有一種長得像藍莓，好吃又營養的果樹叫作卡拉法特（Calafate）。在當地印地安人部落裡流傳著一個傳說：只要吃過卡拉法特果的人，最終都會回到巴塔哥尼亞。

卡拉法特果其實泛指巴塔哥尼亞當地幾種會結藍漿果的小檗，像是達爾文小檗（*Berberis darwinii*）、異葉小檗（*B. heterophylla*）。卡拉法特是當地印地安語女性的名字，而這些小檗樹在傳說中正是一位年輕印地安女孩的化身。卡拉法特是當時德衛契族（Tehuelches）酋長最疼愛的女兒，她有一雙全世界最美的金色眼眸。有一天，卡拉法特在一趟外出時遇到了一位薩克南族（Selknam）的青年，兩人一見鍾情，但礙於兩族間禁止通婚，因此卡拉法特和薩克南族的青年決定一起私奔，遠走高飛。然而，發現愛女私奔計畫的德衛契族酋長，一怒之下決定將卡拉法特獻給惡靈瓜里丘（Gualicho），他找來服侍惡靈的薩滿，將卡拉法特變成了一株灌木，上頭開著如卡拉法特眼眸般耀眼的金黃花朵。

約定的時間到了，薩克南族的青年卻遲遲等不到卡拉法特，他開始焦急地四處搜尋，最後停在卡拉法特化身的灌木前，看著耀眼的金花，他知道這棵小樹就是卡拉法特。就在此刻，德衛契族酋長為了讓薩克南族青年徹底死心，在灌木的身上變出了一輪一輪的尖刺，讓青年再也不能碰觸卡拉法特，只能在一旁看著他的愛人。最後，薩克南族青年因為太過悲傷而死去。薩滿看到這樣的結局，心中不禁惋惜這對年輕戀人的遭遇，於是將卡拉法特金色的花朵變成藍紫色的漿果，用來象徵薩克南族青年的心臟，讓他們兩個可以就此廝守，不再分離。

卡拉法特果的傳說由此而生。只要吃了卡拉法特果的人，就會因感受到這對戀人熾熱的愛意而陷入著魔的狀態，往後不論去到哪裡，他最終都會回到卡拉法特果生長的地方，巴塔哥尼亞。儘管有些人質疑這個傳說只是當地商人為了販售卡拉法特果相關產品所編織出來的故事，但不論傳說是否為真，它都說明了卡拉法特果的美味如同巴塔哥尼亞的美景一般，會讓旅人流連忘返。

● 巴塔哥尼亞的卡拉法特果（Calafate，學名為 *Berberis microphylla*）
繪圖：王錦堯

博物學者的高中生，正準備從中央山脈展開他的博物學大冒險。

南北綿亙三百多公里的中央山脈，對鹿野忠雄來說，就像一處充滿生物之謎的博物學殿堂。迷走四方的大小支稜，不僅孕育了廣袤蓊鬱的森林，棲息其中近五萬五千種的動植物[4]，用繁複多樣的形態不斷魅惑著對大自然充滿好奇的人們。如同鹿野所染上中央山脈的癮，我與登山社和生物地理研究室的學弟妹這些年間反覆出入中央山脈，這些旅程雖然不若昭和年代般艱辛，卻也足夠令我們刻骨銘心，而這一切努力，都是為了小檗。臺灣的小檗在小檗屬裡十分獨特，因為世界上有小檗分布的島嶼並不多，就算有，通常物種多樣性也十分貧乏[5]，但在近期分類學研究的記載裡，臺灣這座小島已經有十四種小檗被報導過，而且都是特有種。這種百分之百的特有現象，讓臺灣在研究小檗的專家眼裡成了一座神奇的小檗之島。

為什麼臺灣能得天獨厚地擁有這麼多的特有小檗，這和它們的生物地理起源有關係嗎？這個問題是我對臺灣小檗從哪裡來的議題特別感興趣的原因。

英國植物獵人阿倫特（Leslie W. A. Ahrendt）[6]畢生都在研究小檗，辭世前完成了二十萬字的小檗分類專論（taxonomic monograph）。[7]基於形態觀察，他認為臺灣每一種小檗都可以在千里之外的中國大陸橫斷山脈找到形態相近的姊妹種。這個奇妙的連結使他認定，臺灣的小檗應該數次起源於中國大陸橫斷山脈。阿倫特的這個論點流傳了近半世紀，一直到現代分子生物學帶來了新證據，才終於有被再

●4 臺灣動植物種數（包含哺乳類、鳥類、昆蟲綱、被子與裸子植物）來源主要參考〈臺灣物種名錄資料庫〉。

●5 島嶼型的小檗共計在日本列島有四種、南韓濟州島與鬱陵島各一種、呂宋島一種、蘇門答臘島一種、斯里蘭卡島一種，智利的璜．費南德茲群島（Juan Fernandez islands）兩種。

●6 阿倫特（Leslie W.A. Ahrendt, 1903-1969），植物學者，畢業於英國劍橋大學。

●7 分類專論。分類學裡針對特定分類群（通常是科或屬的位階）所撰寫的長文或專書，內容主要包含了分類群的基本資料、模式標本資訊以及分類處理。

●8 蓬萊造山運動是臺灣地質史上最近一次的造山運動，至今仍持續著。始於約六百萬年前，是形塑臺灣當今地貌的重要地質事件，為了彰顯其重要性，故以臺灣島古名「蓬萊」命名之。

次檢視的機會。在研究所初期，我與指導教授藉由分析臺灣產小檗物種的葉綠體DNA，重建它們與鄰近中國大陸、尼泊爾產的小檗間的關係。研究結果顯示，臺灣的小檗的確與遠方橫斷山脈的小檗共有相同的祖先，而橫斷山脈往臺灣的傳播事件，雖然不若阿倫特推論的那麼頻繁，但至少應該發生過兩次。

從親緣關係來看，這兩次的傳播事件分別為臺灣帶來了三類在形態和習性上都不太一樣的小檗。第一類是會落葉，只喜愛海拔三千公尺以上山區的高寒（alpine）類群；而第二和第三類是在中、高海拔有分布，比較喜歡溫暖氣候的常綠類群，只是各自在形態上擁有狹尖或卵圓兩種不同的花萼形狀。其中，具有卵圓形花萼的小檗在臺灣最多樣，有十一種之多。我們進一步從它們的葉綠體DNA分子親緣關係中發現，這群小檗在親緣關係樹上由一個極短的「枝」(branch)串聯在一起，這樣的情況通常暗示著，這十一個物種不僅源於一個共同祖先，且彼此在DNA序列上的差異較少，有可能是因為各自從共同祖先分化的時間太短所致。在之後的分子定年分析中，這十一種小檗的分化年齡被估測為三百到七百萬年前，正好包含了臺灣島誕生至今的地質年齡。也就是說，在臺灣島從蓬萊造山運動[8]隆起後不久，來自橫斷山脈的卵圓形花萼小檗的祖先便已穿越千里、跨越海峽抵達了臺灣，並成功拓殖在島上，之後隨著臺灣島的地景變遷，又逐漸分化成十一個物種。

在壽命不到百年的人類耳中聽起來，三百到七百萬年像是某種不可置信的時

| | 落葉／高寒類群 | 常綠／狹尖花萼類 | 常綠／卵圓花萼類 |
|---|---|---|---|
| 物種數 | 1 | 2 | 11 |
| 物種 | 玉山小檗 | 臺灣小檗、南臺灣小檗 | 早田氏小檗、花蓮小檗、太魯閣小檗、清水山小檗、長葉小檗、森氏小檗、神武小檗、眠月小檗、南投小檗、高山小檗、高地小檗 |

間範疇，但是在生物演化的歷史上，卻是一個相較短的時間長度。也因此，臺灣卵圓形花萼小檗能在幾百萬年中分化成十一種，這樣的分化速率其實並不尋常，在生物分化的諸多形式裡，被稱作「快速分化」（rapid diversification）。從巨觀演化[9]來看，生物的快速分化指的是某生物分類群在相較短的時間尺度內產生了大量物種的現象。它發生的原因通常與關鍵性狀（key trait）的出現有關，而「關鍵」一詞的意涵展現在出現的性狀（不論是內在或外在）為該生物所帶來的嶄新的環境適應性，使其進入原本無法使用的生態棲位，或是從生物間競爭的壓力中釋放

● 上｜狹尖形花萼的小檗　攝影：游旨价
● 下｜卵圓形花萼的小檗　攝影：游旨价

●9 巨觀演化通常指物種以上的分類單元，譬如科或屬的演化過程，而微觀演化指的是物種內或族群內的等位基因頻率變化的過程。

●臺灣是名符其實的小檗之島，高山上有十三種形態各異的常綠性小檗。

1 長葉小檗（*Berberis aristatoserrulata*）
2 眠月小檗（*Berberis mingetsensis*）
3 高山小檗（*Berberis brevisepala*）
4 清水山小檗（*Berberis chingshuiensis*）
5 太魯閣小檗（*Berberis tarokoensis*）
6 南投小檗（*Berberis nantoensis*）
7 早田氏小檗（*Berberis hayatana*）
8 花蓮小檗（*Berberis schaaliae*）
9 臺灣小檗（*Berberis kawakamii*）
10 高地小檗（*Berberis alpicola*）
11 森氏小檗（*Berberis morii*）
12 南臺灣小檗（*Berberis pengii*）
13 神武小檗（*Berberis ravenii*）

整理攝影：游旨价

出來，進而促發了物種的快速多樣化。

在植物世界裡，有許多著名的快速分化案例都發生在南非的開普敦植物區系（Cape Floristic Region），這個獨特的生物地理區形成於三百多萬年前，由地中海型半乾旱氣候主宰，對比周遭廣大的沙漠，就像是一個被孤立的生態島嶼。開普敦植物區系最大的生態特色之一就是好發野火，因此對火燒的適應就成為當地植物能否快速分化的關鍵。杜鵑花科美麗的歐石楠屬（*Erica*）有將近八百個物種與變種，它們超過九成都是這小小的南非開普敦地區的特有種，是植物快速分化最經典的案例之一。這個驚人的多樣性在科學家的研究下，推測是由耐火的性狀協同了與授粉者的共生行為、土壤適應、微棲地異質性共同作用所產生。

## ❖臺灣島植物快速分化的謎團

為什麼卵圓形花萼小檗在臺灣會發生快速分化？不像開普敦受到學界廣泛且深入的關注，臺灣島因為植物快速分化的案例並不多，所以相關研究較少。儘管卵圓形花萼小檗的例子令人印象鮮明，但對於島上所有可能經歷過快速分化的類群而言，科學家至今仍在探索其快速分化的原因。如果先不論分化的過程是否夠「快速」，單從促成物種「分化」的觀點來看，在臺灣，島內許多生物的分化可能都與高山有關。

早期許多研究認為，臺灣高山造成的地理隔離是直接促使生物分化的原因之一，尤其是對兩棲爬蟲類和鳥類等陸域脊椎生物來說。「地理隔離」（geographic isolation）是演化生物學裡一個很經典的物種分化假說，它說明了一種演化情境，當同一種生物的不同族群受到高山、海峽等地理因素隔離，導致無法互相交流與交配，各族群間的遺傳變異會因而有機會逐漸積累，最後各自演化為不同的物種。

地理上來看，臺灣島內的高山系統將島嶼切割成了不同的地理區，理論上，這些山稜組成的疆界阻礙了各地理區間生物的交流。當阻礙程度很大時，地理隔離機制的作用便會比較明顯，進而成為催生物種分化的動力。在地理隔離種化模式裡，臺灣島上最著名的例子可能是鳥類裡的白頭翁與烏頭翁，研究指出這兩種特有種可能是因為中央山脈的隔離產生「東西分化」的結果。反觀植物，在近二十年來研究者的努力下，卻逐漸證明「地理隔離」機制對多數臺灣植物分化的貢獻並不大，反而是生態棲位的多樣性與植物物種的分化比較有關。

打開卵圓形花萼小檗的分布地圖，雖然可以發現有許多物種（尤其是中海拔的常綠類群）分布具有地域性，顯示出一定的地理隔離，譬如早田氏小檗（*Berberis hayatana*）只分布在臺灣北部，而長葉小檗（*Berberis aristatoserrulata*）只出現在東南部。然而小檗的這種分布模式是否就真的與地理隔離機制有關，其實並不一定。因為臺灣所有的卵圓形花萼小檗彼此間親緣關係仍未解開，在缺乏姊妹種分布的資訊下，研究者很難進一步探討這些局限分布的物種是否一定是因為地理隔離而產生的。此外，更重要的是，這些區域性局限分布的小檗，它們分布範圍的界限並沒有辦法對應到明確的地理邊界，比如說特定的山脈或河川，因此很難說是否真的符合地理隔離中「隔離」的定義。然而有趣的是，儘管這些小檗的地理分布不與現實的地理疆界疊合，卻似乎與一種無形的地理疆界有所呼應——氣候區的地理分布。地理氣候區是臺灣植物地理學泰斗蘇鴻傑老師用來分析臺灣植物棲息地多樣性的一套系統，這套系統依據溫度與雨量的變化以及季節性的分布，將臺灣本島劃分成了六個氣候區。像是前面提到的早田氏小檗與長葉小檗，它們的分布雖然無法用明確的地理疆界描述，卻剛好各自呼應了地理氣候區系統裡屬於恆溼型氣候的東北區以及夏雨型氣候裡的東南區，暗示了不同的氣候可能才是與卵圓形花萼小檗的分化有關的原因。

事實上，雖然地理隔離重要，但如果隔離時間不夠久、程度不夠強，也不能確保新種的形成。因為被分隔的族群若有機會再相遇，進而交配繁殖（像是地理屏障的消失，或是因為授粉者傳播能力較強，可以跨越規模較小的地理屏障），那麼基因交流將會消弭掉族群間原本逐步積累的遺傳差異，進而減緩物種分化的過程。由於小檗屬多數物種通常由熊蜂這類移動力較強的授粉，且臺灣島的地質年齡年輕，因此相較於地理隔離，也許氣候的差異才是導致卵圓形花萼小檗分化的原因。而臺灣之所以會具有七個地理氣候區，其實部分還是與高山的存在有

# 臺灣小檗屬植物地理氣候區分布圖

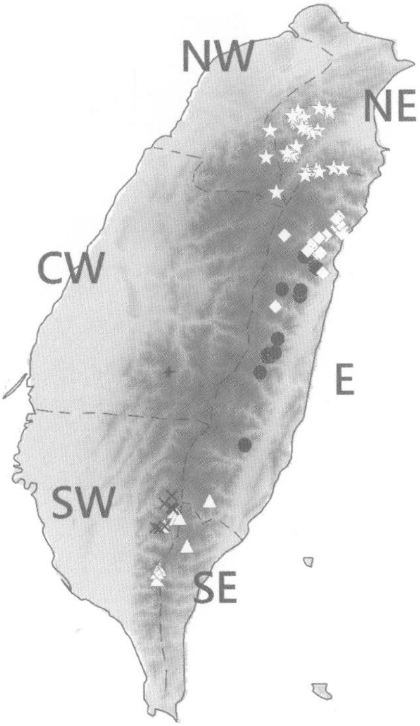


除蘭嶼區外，蘇鴻傑老師將臺灣本島分成六個地理氣候區，主氣候型可分兩種：恆溼型和夏雨型。圖中六個氣候區分別為：NW（西北區）、CW（中西區）、SW（西南區）、NE（東北區）、E（包括EN東區北段以及ES東區南段兩區）、SE（東南區）。
NE（東北區）屬恆溼型，冬季與夏季雨量約略相等，植群趨向於熱帶雨林和亞熱帶雨林。其餘皆為夏雨型，冬季雨量占全年約四〇%以下，且向南遞減，但偏東或東南部至恆春半島東側，受東北季風影響，冬季雨量稍多。

☆：早田氏小檗 ◇：花蓮小檗 ●：長葉小檗 △：南臺灣小檗 ╳：神武小檗

繪製：游旨价

● 小檗多汁的漿果，可能是許多山鳥的佳餚。
攝影：楊智凱

關。總的來說，高山與季風的交互作用不僅導致島內的氣候出現不同的變化，高山創造的海拔落差更是一個關鍵，像是卵圓形花萼小檗當中除了跟地理氣候區有呼應的類群外，另有一群棲息在高海拔地區，適應高海拔的高寒氣候。

一如前述，近期關於臺灣植物分化機制的研究發現，物種間遺傳的分化可能與其對棲息地內不同環境條件的適應有關。因此如果以臺灣氣候區多樣化的程度來看，氣候的多樣化似乎比地理隔離更能解釋卵圓形花萼小檗多樣化的原因。儘管如此，棲息地分化假說最終仍無法進一步回答更關鍵的問題——促使島內植物

「快速」分化的「關鍵」性狀是什麼。不論是地理隔離還是生態棲位分化假說，都還是基於現有觀察所提出的一些演化情境，需要更多的實驗檢測才能確認。有趣的是，最後我們也有可能會發現，其實兩種假說在卵圓形花萼類小蘗快速分化的過程裡，都扮演了重要的角色，或是其實兩者都與其無關。研究大自然就是這樣，你永遠不知道那裡有多少可能性，只能靠著邏輯與科學方法一步一步的推敲，評斷每個階段最有可能的結果。不論如何，從探究這樣的問題裡，臺灣這座小島所擁有的演化底蘊也鮮明地展現在我們眼前。一種由一化多的可能性，驚奇地創造出長久以來我們引以為傲的生物多樣性，尤其是眾多的特有生物。

## 「某某植物全世界只有臺灣才有喔！」

這是我們經常可以在報章雜誌裡看到的句子，它雖然精簡地表達出特有生物的特色——特有於某地，卻又彷彿太過窄化特有生物整體具備的意涵。在近五千種的臺灣維管束植物裡，特有物種的比例占了近四分之一。考量到臺灣島年輕的地質年齡，以及曾與中國大陸以陸橋連結過的歷史，臺灣植物的特有率理論上應該不會太高，然而現實情況裡，臺灣特有植物的比例並不遜於東亞島弧上其他地質歷史較長的島嶼。[10]這麼多的特有種不只是一個表面上的數字，從卵圓形花萼小蘗的故事裡我們瞭解到，每一種特有種都可以被視為臺灣島獨特自然歷史的

●10《2017臺灣維管束植物紅皮書》，特有生物保育中心出版。書中統計臺灣鄰近島嶼植物種類特有率：日本約四成、菲律賓約五成。

● 臺灣唯一的落葉性小檗——玉山小檗，喜生在高寒地帶。 攝影：楊智凱

具體化身。

還記得在大學擔任森林生物多樣性課程的助教時，曾經分享自己的研究給學生們，當時有位同學問我，臺灣這麼多的特有小檗到底有何特別之處，值得你花上十年的歲月？

「因為這些物種你只能在臺灣才能看見啊！」，「所以呢？」沒想到學生竟繼續追問，而我頓時語塞。

那是我第一次開始認真思考特有種裡「特有」一詞對我的意義。我們當然可以從生物學的定義來瞭解「特有」一詞，但是我相信學生想問的肯定不是這個，我甚至在心裡也感覺，單憑這樣的解釋不僅無法完整說明特有生物的重要，甚至也無法完整表達出我心中感受到的，特有生物與土地之間那難以言明的連結。因此，我試著轉而從自然歷史的面向去思考同樣的問題。一如卵圓形花萼類小檗的多樣化，特有生物的誕生與出現的過程形塑於棲息地的環境條件與地質歷史，若以臺灣來說，特有種的演化反映的就是島嶼生成的過程。於是我後來寫信回覆那位學生：「為什麼小檗的特有現象值得讓我研究這麼久，因為我想

## 特有物種的「特有」

對於特有物種，許多人常有一個迷思，就是它應該會長得很特別，或是具有什麼特殊的習性或功能，但其實兩者之間並沒有絕對的關聯。舉例來說，可能是臺灣特有的愛玉（*Ficus pumila* var. *awkeotsang*），它與東亞廣泛分布的姊妹種薜荔（*Ficus pumila* var. *pumila*）在外觀上十分相似，並沒有什麼特別大的相異之處，因此常常會有人把薜荔子錯認成愛玉子，然而兩者間雖然形態相似，卻只有愛玉子能有效地產出高品質的果膠，成為你我口中膾炙人口的愛玉凍。另一方面，臺灣島和中國大陸橫斷山脈各自特產的常綠性小檗雖然對棲息地條件的要求都頗相似，但兩者之間在形態上卻各有特色，成為彼此間最主要的差異。從這兩個案例可以知道，特有物種的「特有」強調的是它地理分布範圍的局限，並不是形態或功能的「特別」。做為一個物種，每個物種和近緣姊妹種相比，不論是在形態、生理、行為還是物候上，都一定有其「特別」之處，因此並不是因為物種夠特別才稱為特有物種。

藉由這些特有小檗來瞭解臺灣自然歷史的來龍去脈！」如果沒有一連串的因緣際會，若是臺灣沒有與中國大陸分隔，若是沒有高山與東亞季風創造了複雜的棲息地條件，那麼也就不會有特有生物的產生，它們是臺灣島孕育的真正子嗣。

## ❖對小檗狂熱的英格蘭老人

臺灣特有小檗蘊藏的自然歷史不只吸引了我的關注，也讓海外的小檗學者感到神奇，更因此讓我認識了一位特別的朋友與精神導師。朱利安．哈柏（Julian Harber）[11]是世界小檗研究的權威，對各地的小檗如數家珍。因為指導教授的牽線，我和他在研究所初期就開始經由電子郵件往來，而這一交流，不知不覺就持續了近十年，我們也因此成為忘年之交。這十年的情誼讓我們知道一件事，世界上研究小檗的人一個手掌數得完，所以在這裡，我不得不先說說朱利安遇上小檗的故事，因為如果沒有故事裡他所展現的對小檗狂熱的愛意，我倆是不可能相遇。

朱利安與太太吉兒目前定居在英格蘭北方的赫布登橋（Hebden Bridge），那是一處座落在遠古冰河侵蝕形成的凹谷裡，聚集著許多嬉皮與文青的小鎮。當朱利安和吉兒剛搬到赫布登橋時，他們發現精心設計的花園深受鄰近牧場羊群的騷擾，由於朱利安曾在愛丁堡皇家植物園裡擔任園丁義工數載，是人稱的綠手指[12]，被羊群肆意摧殘的花園讓他十分困擾與惱怒。直到某天他發現園子裡有一

---

[11] 朱利安．哈柏（Julian Harber），退休前為歷史與社會學者，業餘興趣為園藝，目前受美國密蘇里植物園委託撰寫中國與越南產小檗屬分類專論。

[12] 英語中用來稱呼具有擅長園藝或具有精湛種植花草技能者。

● 赫布登橋鎮的朱利安，他的雙手特別厚實，手指特別粗大，
他總笑稱這是一雙天生來當園丁的手。　攝影：游旨价

種無名灌木，羊群都不敢接近，它的葉片質地堅韌，葉緣有刺齒，在莖上更生有許多三叉的長刺，朱利安立刻就愛上了它，並在花園邊界種滿了這種灌木，自此羊群大軍就被永久隔離在朱利安和吉兒的花園之外。

朱利安當時發現的植物正是小檗，只是朱利安和吉兒兩人大概都沒想到，已逾耳順之年的朱利安竟對小檗一見鍾情，將退休後的人生幾乎奉獻給了小檗的分類學（他立志要靠小檗的分類學研究再拿一個博士學位！）。吉兒在某天赫然驚覺，小檗竟然不知不覺地已從花園的邊界慢慢填滿了整座花園，而她也發現原來自己的丈夫不只擁有一個愛人，除了她這個人類妻子之外，小檗早已用多變的形態、美麗的花果成為他丈夫命中注定的植物伴侶。

二〇一二年我前往邱園和愛丁堡皇家植物園（Royal Botanic Garden Edinburgh）檢視它們館藏的小檗標本和活體植株，旅程中曾受朱利安邀請到赫布登橋鎮短暫拜訪。當我走進他口中的那座（對羊群而言）小檗堡壘，看見近百種小檗生氣蓬勃地生長在花園的每一個角落時，老實說，心裡真的是又興奮又苦痛，因為你得小心翼翼地閃躲一根根橫空在眼前的帶刺枝條才能前行。然而，最讓我莞爾的還是吉兒對我說的：你能想像嗎？他這個瘋子，居然跟小檗睡在一起！

記得朱利安曾在某次的電子郵件中提到：很難想像小小的臺灣居然擁有這麼多的小檗。這樣高的小檗多樣性讓他極度想來臺灣看看這裡的樣貌。

二〇一四年，朱利安的夢想終於成真。他原本向美國國家地理學會申請去橫斷山脈的採集計畫，因雲南水災受阻，我一知曉消息，立刻詢問他是否能夠向學會提出計畫變更的申請改來臺灣。指導教授和我答應他，若是國家地理學會允許他訪臺，我們將組織一支探險隊去中央山脈尋找兩種狀態不明的神祕小檗：長葉小檗（*B. aristatoserrulata*）和高山小檗（*B. brevisepala*）。探險隊與兩種神祕小檗完全激起了朱利安骨子裡日不落帝國的冒險性格，他立即規劃並成功遊說國家地理學會支持他的臺灣之旅。

關於長葉小檗和高山小檗的一切，可以回溯至上個世紀初早田文藏[13]的一系列發表。神祕的是，這兩種小檗自早田的報導後便不曾再現身，因此研究人員至今都只能靠著標本來瞭解它們的形態與分布地資訊，尤其是仰賴模式標本[14]和發表文獻的資料。不幸的是，這兩種小檗的模式都是資料不完整的標本，長葉小檗主體只有一根著生幾枚葉片與花梗的枝條，而高山小檗雖有葉片、枝條，但無花無果。更令人沮喪的是兩份標本的採集地點都只簡單標注著「（中央山脈）

13《臺灣植物圖譜》為早田文藏不朽之著作，該書共十卷，收錄了1854-1895年間西洋人所收集及發表的一千餘種臺灣植物以及1895年之後日本學者所發表的物種。每種均有詳盡之拉丁文描述、文獻、產地及插圖，具永久之參考價值。

14 依據國際植物命名法規，學者在發表植物新種時，須具有引證的標本。模式標本有助於物種的辨別，尤其是早年發表的物種，在特徵記述上通常十分精簡，往往無法充分呈現物種的形態，因此須依賴模式標本以鑑定物種。

分水嶺」。對想要尋找這兩種神祕小檗的人而言，這七個字是一個空泛到令人手足無措的地理名詞，畢竟中央山脈長達三百多公里，山脈之上任何一座主要稜脈都可以稱作分水嶺。所幸，藉由採集者森丑之助（Ushinosuke Mori）[15]以及模式標本上的採集日期這兩條線索，在一番文史工作中，我最後終於從楊南郡老師翻譯的《生番行腳：森丑之助的臺灣探險》裡找到了森丑之助當年在臺灣旅行的紀錄，得以進一步再從森丑之助為臺灣總督府撰寫的〈中央山脈橫斷探險報文〉中推敲出兩種小檗最有可能的採集地——中央山脈關門山。

## ❖百年回眸關門山

植物愛好者對夢幻植物的狂熱，一如法國人對一瓶靈魂好酒的追求。

在臺灣登山界裡，關門山雖然是一座冷僻的高山，但以它為名的關門古道卻大有來頭。日本時代，這條橫貫中央山脈的東西聯絡道路是所有清代修築的撫番路中最多探險隊與調查隊造訪的一條，其中也包含了一九一〇年森丑之助的探險隊。那年四月，森丑之助同佐佐木舜一（Shunichi Sasaki）[16]為了調查臺灣的天然資源與原住民部落，從南投經由關門古道橫越中央山脈抵達花蓮。他們在這趟旅程遇到許多現代植物研究者心中的夢幻植物，如同長葉小檗和高山小檗一般，這些

● 15 森丑之助（Ushinosuke Mori, 1877-1926），日本時代早期臺灣原住民族研究的專家，協助過不少日籍博物學者的標本採集工作，臺灣許多特有植物都以其為名。

● 16 佐佐木舜一（Shunichi Sasaki, 1888-1961），活躍於日本時代早期的植物專家，來臺之初曾擔任川上瀧彌的助手，對於臺灣熱帶植物研究與林業保育有諸多貢獻。

● 高山小檗模式標本。標本籤上標示的「中央山脈分水嶺」包含了一個廣大的地理區域，造成尋找某種特定小檗的困難。 攝影：游旨价

● 長葉小檗模式標本。右下方有分水嶺字樣。
攝影：游旨价

● 關門古道在日本時代是所有清代修築的撫番路中最多探險隊與調查隊造訪的一條
攝影：游旨价

植物自從被森丑之助採集後就再也沒有被人目睹過，直到「中央山脈分水嶺」這串地理密碼被破譯。

二〇一四年四月六日，關門山探險的第二日，午後春雨伴著淡淡薄霧，我和朱利安與臺大登山社的夥伴滿身疲憊地走在馬猴宛山腰的關門古道上，正覺今日大概又要一無所獲之時，前方古道旁的小坡上，幾朵如星辰般的黃色小花突然吸引了我的目光。當時選擇這個時日前來，就是因為從模式標本上推得長葉小檗可能此刻正在開花，應該比較容易被發現。我加快腳步湊近查看，還沒細看到花朵，一瞥見那植物的葉子我就忍不住驚呼一聲：「找到了！」在我身後的朱利安比較理性，並沒有因為我的驚呼而跟著激動起來。他在仔細檢視全株植物後，才爆出一聲歡呼，「就跟模式標本一模一樣！」那是長葉小

● 在關門古道上與長葉小檗的初次見面，朱利安正在檢視花部形態。 攝影：游旨价

檗在一九一三年發表後，再次被發現的一刻。隔日，我們順著古道往更高的海拔挺進，在巨大的檜木林下發現了更多的長葉小檗，直至海拔近三千公尺的倫太文山頂，我們又驚喜地在二葉松林下發現了幾棵外觀形態與長葉小檗截然不同的小檗植株。它們的葉部形態不僅與高山小檗的原始文獻描述相符，也具有與模式標本一致的葉形變化，朱利安因而認定我們終於找到另一種神祕的小檗——高山小檗！讓人興奮的是，高山小檗也正值花季，開了滿樹燦爛的黃花，這些花朵除了美麗，更讓我們有機會補足原始文獻與模式標本缺乏的資訊。

親眼在花蓮深山見到長葉小檗與高山小檗的那份興奮與激動，至今仍然十分難忘。回想一路上，年邁的朱利安與我們這些年輕人一同鑽行在破碎的山徑上，與螞蝗和芒草搏鬥，屢屢跌倒後再奮力爬起，只為親身深入關門山區尋覓小檗；他炯炯有神的雙眼，透露出堅毅不屈，宛如兩百年前開啟世人視野的那群外籍博物學者。儘管已是二十一世紀，但關門山之旅讓我相信，臺灣仍有科技之眼看不透的洪荒，在中央山脈的深處，藏著一

● 關門山探險隊在倫太文山頂
發現的高山小檗
攝影：游旨价

● 長葉小檗活株的發現，讓分類學者
得以探討它與其他小檗之間的異同。
攝影：游旨价

方天地棲息著未知的物種。

在關門山之旅後不久，指導教授和我又相繼在太魯閣與雙鬼湖發現了三種新的臺灣特有小檗，它們分別生長在大理石的峭壁之巔、神祕的高山湖泊之畔，十分不一樣的棲息地。其實偶爾還是會聽人說起，他們仍有些歆羨一個世紀之前，臺灣島上隨處皆是驚奇的物種大發現時代。然而從追尋小檗身世的過程，我的體悟是，相較鹿野忠雄生活的時代，現代的我們其實更有能力去問、去探究山林中的謎團，我們唯一輸給古人的可能只有那份走入山林的決心與行動力。

在生物學的發展歷史裡，島嶼始終是啟發學者繆思的天堂。一個多世紀以前，達爾文與華萊士分別在加拉巴哥群島和馬來群島窺探出自然選擇的奧祕，為演化論打開先河。此刻，和我們朝夕相處的臺灣島又擁抱了什麼自然的奧祕？放眼東亞島弧諸島，日本列島僅有四種小檗，呂宋島和蘇門答臘島則各只有一種，臺灣是當中名符其實的小檗之島。在我心裡，小檗多樣性的起源正是藏在臺灣島內的自然奧祕。這些來自遠方高山訪客的後代，百萬年來適應這座島嶼的風土，逐步分化，最終成為了僅見於島上的特有物種。在未來的時光中，它們有可能繼續分化，或是不幸滅絕，這一個個情境都是島嶼生命演化過程的展示。我心裡知道，它們與這座島之間的連結是如此特別與深厚，一如特有植物在情感上給予我的羈絆。所以，當學生們覺得十年的歲月很久，我真的覺得這一切都還不夠長。

● 在我心裡，小檗多樣性的起源正是藏在臺灣島內的自然之祕，百萬年來它們適應這座島嶼的風土，最終成為了僅見於島上的特有物種。

玉山之巔的玉山小檗
攝影：伊東拓朗

## 參考文獻

Ahrendt, W. A. L. (1961) Berberis and *Mahonia*: a taxonomic revision. *Botanical Journal of the Linnean Society* 57: 1-140.

Brusatte, S. L., Lloyd, G. T., Wang, S. C., Norell, M. A. (2014) Gradual assembly of avian body plan culminated in rapid rates of evolution across the dinosaur-bird transition. *Current Biology* 24(20): 2386-2392.

Chiou, C.-R., Song, G.-Z. M., Chien, C.-H., Hsieh, C.-F., Wang, J.-Z., Chen, M.-Y., Liu, H.-Y., Yeh, C.-L., Hsia, Y.-J., Chen, T.-Y. (2010) Altitudinal distribution patterns of plant species in Taiwan are mainly determined by the northeast monsoon rather than the heat retention mechanism of Massenerhebung. *Botanical Studies* 51: 89-97.

Harber, J. (2015) Berberis in Taiwan. *The year book of International Dendrology Society*: 49-57.

Hsieh, C.-F. (2002) Composition, endemism and phytogeographical affinities of the Taiwan flora. *Taiwania* 47(4): 298-310.

Huang, B.-H., Huang, C.-W., Huang, C.-L., Liao, P.-C. (2017) Continuation of the genetic divergence of ecological speciation by spatial environmental heterogeneity in island endemic plants. *Scientific Reports* 7: 5465.

Oshida, T., Lee, J.-K., Lin, L.-K., Chen, Y.-J. (2006) Phylogeography of Pallas's squirrel in Taiwan: geographical isolation in an arboreal small mammal. *Journal of Mammalogy* 87: 247-254.

Pirie, M. D., Oliver, E. G. H., Mugrabi de Kuppler, A., Gehrke, B., Le Maitre, N. C., Kandziora, M., Bellstedt, D. U. (2016) The biodiversity hotspot as evolutionary hot-bed: spectacular radiation of Erica in the Cape Floristic Region. *BMC Evolutionary Biology* 16: 190.

Su. H. J. (1985) Studies on the climate and vegetation types of the natural forests in Taiwan. (III). A scheme of geographical climatic regions. *Quarterly Journal of Chinese Forestry* 18(3): 33-44.

Yu, C.-C., Chung, K.-F. (2014) Systematics of *Berberis* sect. *Wallichianae* (Berberidaceae) of Taiwan and Luzon with description of three new species, *B. schaaliae, B. ravenii, and B. pengii. Phytotaxa* 184: 61.

Yu, T.-L., Kin, H.-D., Weng, C.-F. (2014) *A new phylogeographic pattern of endemic Bufo bankorensis in Taiwan Island is attributed to the genetic variation of populations.* PLoS one: e98029.

林讚標，〈愛玉子專論〉，《林業叢刊》第三十六號（一九九一）。

鹿野忠雄著，楊南郡譯，《山、雲與蕃人：臺灣高山紀行》（臺北：玉山社，二〇〇〇）。

楊南郡，《生蕃行腳：森丑之助的臺灣探險》（臺北：遠流出版，二〇一二）。

4

# 植物博覽會的臺灣代表

## 臺灣特有屬植物綜覽

繪圖：黃瀚曉

「研究和解釋特有現象是瞭解一地植物相不可或缺的基礎工作。特有植物就像是一扇窗口，藉由探討它的生物地理起源，以及與姊妹種的分化程度，我們得以一窺本地植物相的形成與演化歷史。」

——布勞恩－布蘭奎特（Josias Braun-Blanquet），〈中部地塊植物的起源和發展；瞭解西歐植物群的遷徙〉，一九二二年

## 誰是臺灣島的代表

假如今天臺灣要舉辦一場世界植物博覽會，身為策展人的你被要求從近五千種臺灣原生植物裡選出一個代表，你會怎麼選呢？

先不管植物的種類，相信很多人肯定會先從臺灣的特有植物下手。為什麼？因為特有植物只有臺灣才有，最能代表臺灣。然而臺灣島上有近千種特有植物，誰又能夠獨當一面成為唯一的代表呢？外觀，很多人應該會從植物的形態開始挑起，看看這諸多特有植物裡誰最漂亮、最特別，誰就能代表臺灣，像是得過多次國際蘭花大獎的臺灣蝴蝶蘭（*Phalaenopsis aphrodite* subsp. *formosana*），可能就是很多人心中的第一選擇。此外，長相怪異的多肉植物或許也能得到許多人的青睞，譬如原生在臺灣高山上的玉山佛甲草（*Sedum morrisonense*），它的外型奇特，宛如一雙雙從

● 外型奇特，玉山佛甲草彷彿地底伸出的小手。
攝影：游旨价

地底冒出來、長滿鱗片的小手，充滿話題性。另外，臺東蘇鐵（*Cycas taitungensis*）這種廣受各大校園或是家庭庭園喜愛的園藝植物，應該也會有不少粉絲。蘇鐵不僅外型優美，還有許多吉祥寓意，蘇鐵開花更是華人風俗裡的大吉兆，深具文化觀賞性。但如果是由我，一個著迷於生物地理學的人來挑的話，我首先雖然也會從特有植物下手，卻不僅僅是因為特有植物只有臺灣才有的事實，而是它豐富的生物地理學內涵。特有植物是一地自然歷史的化身，它的誕生與臺灣的自然環境、地質歷史息息相關。然而接下來和大家遇到的問題一樣，如何在臺灣眾多特有植物裡挑出一位？這裡我有一個生物地理學的小技巧，雖然臺灣的特有「種」（species）有千餘種，但如果我們將分類的位階提高到「屬」（genus），那麼候選對象便會一下子從千種選擇變成只剩一種。儘管經過一個多世紀的探索，至今臺灣島上仍只確認了一個植物特有屬——五加科的華參屬（*Sinopanax*）。而由於華參剛好是一個單型屬（monotypic genus）[1]，也就是只包含一個物種的屬，因此綜合而論，華參就成了那個唯一符合我們策展條件的最佳候選人。

## 爬梳特有現象發生的來龍去脈

為了深入瞭解特有屬的內涵，我們可以將特有屬一詞拆成「特有現象」（endemism）以及「屬」兩個面向來討論。相較「屬」而言，大家應該對「特有現象」比

●1 一個屬內若只有一個物種稱為單型屬；而一個屬內若物種數很少的話，像是二到四種，則稱為寡種屬（oligotypic genus）。

較耳熟能詳，在日常生活裡，特有生物的新聞總是會不定時跳上版面，行政院更為了保育全臺特有生物設立專門的研究中心。然而若是認真問起，什麼是特有現象，它的重要性和意義又是什麼，很多人恐怕會不知該如何回答了。一直以來，「特有」一詞在臺灣就像是一套吸引鎂光燈的華服，為特有生物打響名號，卻也掩飾了其本身的光采與價值。在第三章〈小檗之島〉裡，我們曾藉由探索卵圓形花萼類小檗的演化歷史來思考臺灣特有種的意義，但在此刻，我們將進一步把特有現象與「種」所代表分類位階脫鉤，針對「特有現象」這個概念本身，來爬梳它在生物學裡的發展。

早在一八二〇年，年僅十四歲的植物學才子阿方斯・迪坎多（Alphonse Pyramus de Candolle）[2]為了更加精確描述植物的分布狀態，首度使用了「特有」（endemic）一詞來形容分布範圍較為局限的植物，並以此做為「廣泛分布」（cosmopolitan）一詞的對照。有趣的是，迪坎多之後，特有現象這個概念竟逐漸席捲了歐美博物學界，相關討論如雨後春筍般誕生。其中，著名的德國植物學者恩格勒（Adolph Engler）劃時代地指出，特有現象可以依據生物類群的起源年代分成古特有（Paleoendemics）和新特有（Neoendemics）兩大類。恩格勒的分類獲得許多研究者的廣泛注意，在接下來的一個世紀裡，他們熱烈地爭論世界上的特有植物是古特有性質還是新特有性質比較多。支持後者的英籍植物學者威利斯（John C. Willis）在一九九二年提出著名的「年齡與面積」（Age and Area）假說，並以此來討論特有現象的起源。威

[2] 迪坎多家族是自然史上有名的植物學世家。阿方斯・迪坎多（Alphonse Pyramus de Candolle）即是十九世紀著名瑞士籍植物學者奧古斯丁・迪坎多 (Augustin Pyramus de Candolle) 的兒子，從小耳濡目染，年紀輕輕就展現了他在植物分類學和地理學上的獨到見解。

● 阿方斯．迪坎多（Alphonse Pyramus de Candolle, 1806-1893），瑞士知名植物學家。1820年，年僅十四歲的他首度使用了「特有」一詞來形容分布範圍較為局限的植物。©Wikimedia commons

利斯的主張源於年輕時在斯里蘭卡和紐西蘭的野外工作經驗。眾所皆知這兩座島孕育了大量、多樣的特有植物，他因而指出，既然島嶼有特別多的特有植物，顯示特有現象好發於地質年代較年輕（相較大陸而言）且具一定隔離度的地理單元上。假若這些特有植物起源於島上原生的植被，因為島嶼的隔離機制與自然選擇的作用才演化成新的物種，那麼它們的演化年齡自然不會比島嶼還要老，所以理當都是新特有種才對。而這些特有植物之所以分布局限（特有現象），正是因為在當地才演化成物種不久，尚無足夠的時間可以向他處傳播所導致。

然而對於威利斯這番觀點，美籍植物學者佛納德（Merritt L. Fernald）卻不以為然，做為阿薩．格雷長期的合作者，佛納德鑽研北美東部植物相許久，對特有植物的見地和威利斯從島嶼獲得的體悟十分不同，他認為北美大陸上的特有植物大多是古特有種。威利斯的假說之所以不適用是因為他忽略了一個事實，也就是地表上的土地和氣候條件並非一成不變。譬如在北美洲這類地質歷史悠久的大陸，其北方曾經在冰河時期受到大陸冰河的摧殘，使得現今美東植物相裡的特有植物很多都是所謂的冰河孑遺物種，這些物種的局限分布（特有現象）並不是因為剛演化出來尚未擴散的結果，而是因為古今分布範圍的縮減所導致的分布格局。

威利斯與佛納爾德兩人雖然在解釋特有現象的立場上，像是站在天秤的兩端，但是他們的觀察與結論並不衝突，對當代的研究者而言，特有植物既可能是新特有，也可以是古特有。哈佛大學植物學者凱恩（Stanley A. Cain）在《植物地理學基礎》（*Foundations of Plant Geography*）一書中提出了較為全面的觀點。他指出年輕的物種（youthful species）沒有達到它們最大的分布區或是古老的物種在歷史分布區的縮減，都會導致物種分布格局變得局限，進而產生特有現象。因此特有現象的格局實則與一地的地質年齡、隔離程度以及棲息地的多樣化都有關聯，這些因子既促進新特有性的演化，也維繫了古特有性的留存。

## 那些讓人困惑的，關於屬與種的二三事

另一方面，特有現象的詮釋也和被觀察的主體有關，也就是和分類位階有一定的關聯。一般來說，雖然特有「種」受到的關注最多，但是在生物地理學裡，

「屬」的特有現象也是常見的研究題材。究竟「屬」這個分類位階有什麼魔力和值得探討的地方？

許多人第一次聽到「屬」這個詞，應該都是在高中生物學課本裡，那時我們習得每個生物種都有一個以拉丁文組成的科學名（scientific name），其分別由該生物的屬名和種小名締造而成，稱為二名法（binomial nomenclature）。瑞典人林奈（Carl Linnaeus）雖不是二名法的創造者，卻是將此法發揚光大之人。一七三五年，名不見經傳的林奈，將十年來自學的研究心得整理後出版了《自然系統》（*Systema Naturae*）第一卷，自此聲名大噪，成為生物分類學之父。林奈在書中指出，大自然裡生物形態的變化有法可循，我們可以依此對形態進行觀察和整理，進而為芸芸眾生分門歸類。而「屬」，就是當時林奈生物分類系統中的一個分類位階（taxonomic rank），至今仍為現代分類系統所採用。有些自然史學者認為屬和種的概念出現的時間可能十分古老，可以溯源至亞里斯多德的邏輯學。他們指出，在亞氏的思想裡，世界萬物（並不只局限在生物）都可以透過「相似性」來分門別類[3]，而最基礎的一類，也就是個體彼此間相似性最高的群體，亞氏稱為「種」，不同的種可以依據其間的相似性，再分成幾個類群，稱為「屬」。儘管如此，必須理解的是，希臘時代屬種概念使用的範疇跟現代不盡相同，屬種二字現在僅常見於林奈以降的生物分類系統裡。

值得注意的是，一直以來分類學家對於成立一個「屬」所需的相似性，在

●3　以相似性來將生物個體或群體分開來的動作在分類學裡稱為界定（delimitation）。

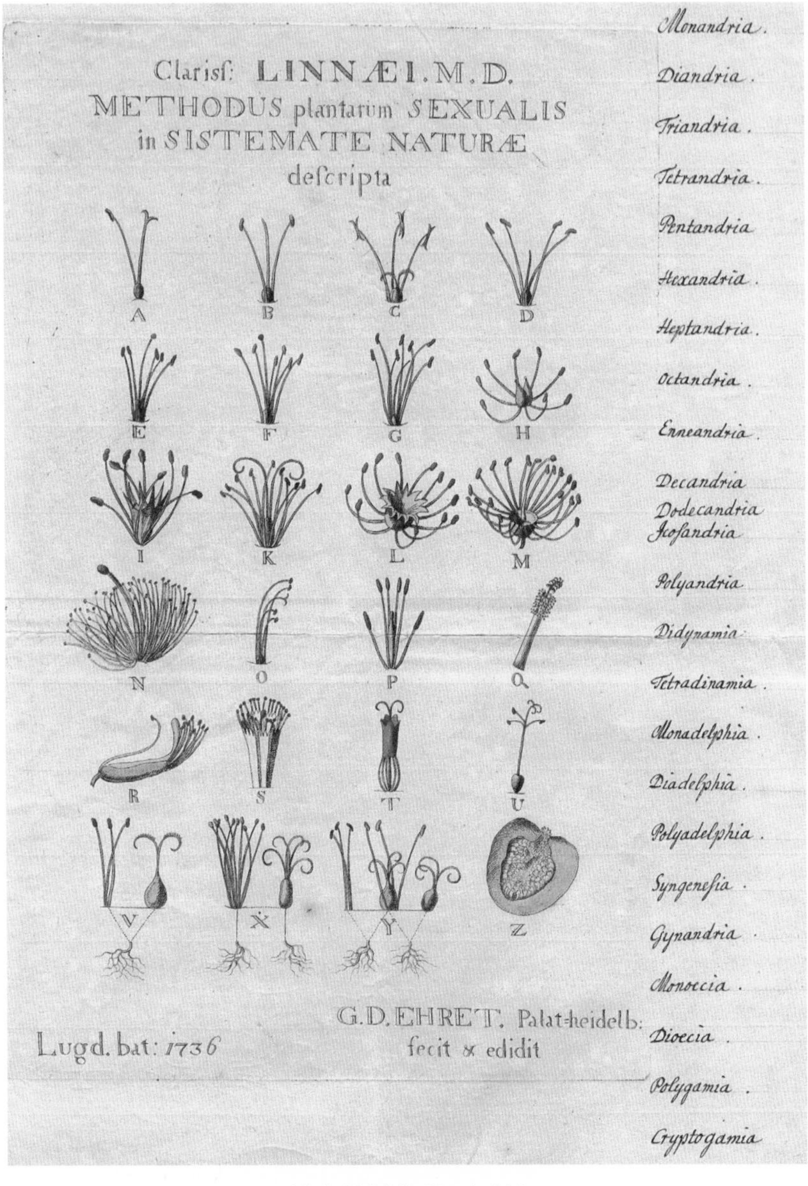


**● 林奈的植物性別系統 ●**

埃雷特（Georg Dionysius Ehret, 1708-1770）繪。

林奈（Carl Linnaeus, 1707-1778）在《自然系統》裡，以花朵雄蕊與雌蕊的數量、形態做為分類植物的基礎，其架構稱為植物性別系統。林奈的分類後來在1736年由德國植物學家與繪圖家埃雷特以圖畫方式呈現，每類植物間的差異一目瞭然。

認定與評估上都頗為主觀，譬如常常會在不參考其他方面的資料（像是遺傳或生態）、僅憑一個形態特徵就把某群植物獨立出來成立新的屬。這樣的慣習造成「屬」在分類系統裡的變動十分常見，不時可見報導指出某現有的屬被升格成科（family），或是有些屬被取消，其原本包含的物種則分別被併入了不同的屬，或是不同的兩個屬被合併成一個屬。所幸近年來，植物分類學為了尋求對「屬」的界定的共識，研究者嘗試提出一些方針來幫助人們理解植物屬的意義。首先，他們認為一個「屬」必定是一個單系群（monophyletic group），意即屬裡面的所有物種，必定都只源於一個共同的祖先，且組成這個屬的所有物種就是該共同祖先的**所有**後代。接著，一個「屬」必須要有演化上的意義，例如它必須在遺傳上累積有一定的變異，或是在形態上可以經由專屬的一組特徵來辨識，它的起源歷史應該要相較古老，用以顯示它獨自演化的時間尺度夠長。研究者相信只要當中的每項方針都經過謹慎的評估，確認內容都夠顯著，那麼「屬」在分類系統裡的不穩定性終可被弭除。

其實對我來說，分類學家對「屬」又愛又恨的情結正好凸顯了它為何會成為生物地理學關注的關鍵原因——**尺度**。簡單來說，生命世界千變萬化，如何有意義地瞭解它，其中一個方法靠的正是尺度。這也是為什麼我認為生物分類系統雖不完美，但仍留存至今的原因，它除了將生物歸類之外，也間接為人們提供了觀看生命世界的窗口。照著界門綱目科屬種的層級，各自深入，我們可以在不同的尺度內觀察到各具特色的生物現象。舉例來說，「科」是一個比較高階的分類單元，在分類學的習慣裡，一個科的成立通常是基於一些比較根本性的生物性質差異，像是展現在解剖學上的、生理上的或是體內所含化學代謝物的特色。然而這類生物特色的演化通常涉及比較長的時空尺度，因此暗示著並不是所有的生物現象都適合放在這個位階來討論。這時像是新特有性這種涉及比較小時空尺度的生物現象，屬或種反而就變成更適合的視角了。這是因為在較小的時空尺度裡，我們能夠重建或是觀察的地質或氣候事件比較多，因此能為屬和種位階的特有現象的起源提供較明確的線索，讓整個議題的研究與討論更為完整。然而特有「種」因為尺度比「屬」小，有時候涉及的演化歷史太過區域性導致無法和已知的大尺度地質或氣候事件做連結，特有「屬」就變成了最後的選擇，它的價值也就此顯現。

臺灣有那麼多種特有植物，它們之中的每一個都可以做為這座島嶼自然歷史的化身。假如我因為研究小檗的緣故，從中挑了一種特有小檗來代表臺灣參加博覽會，若非它的外觀要夠特別（和臺灣蝴蝶蘭等候選人相比顯然沒有），就是它的演化歷史要夠吸引人。然而如同在〈小檗之島〉當中的討論，臺灣的特有小檗可能都是經歷快速分化事件的結果，物種演化的尺度太短導致無法連結到特定的氣候和地質事件，讓小檗的自然歷史目前仍有許多空白，因此小檗不是最好的選擇。小檗的問題，也是多數臺灣特有種面臨的問題，這是為什麼華參屬獨一無二是先天發育不良），形式十分多樣且精巧。另一方面，如前所述，當代生物學的蓬勃發展亦讓生物學者在界定分類系統上「種」的位階時，方法比十九世紀要來得多元。在十九世紀，博物學者們通常是藉由生物雜交來確認種的存在，因為他們早已明瞭不同種動物雜交出來的後代通常會死亡，或是發育會特別不好，因此能不能有雜交可孕的後代，便是他們用來在自然界裡找到「種」的方法。而在現代，生物學者尋找「種」的方法體現在各式物種理論（species concept）上（據悉目前學界裡可能有近七十個物種理論）。像剛剛提到十九世紀常見的，最經典的「生物種物種理論」（biological species concept），其認為可以以生物是否能相互交配，並能產生具生殖能力的下一代來界定出「種」。而「生態種物種理論」（ecological species concept），則認為可以利用驗證生物是否有獨特生態棲位來界定出「種」。「形態種或稱表型種物種理論」（morphological species concept），則是以一群生物的外觀是否具有獨特的形態差異來界定出「種」。

遙想十八世紀林奈設立分類系統的初衷是為了彰顯上帝對生命世界有序的創造，他的分類系統長久以來形塑了我們看待自然的方式：分門別類。但在二十一世紀，生命世界唯一的序是達爾文與華萊士的演化論，並不是分類系統。在演化論裡，達爾文從自然臨摹而出的生命之樹，基本單元是「種」，而林奈分類系統的基本單位也是「種」，許多人對於「種」的不明白，也許是因為沒有將「種」的雙重身分考量進去，導致在問「種」是什麼時，心中並沒有思考到這個「種」是在問分類系統上界定出來的「種」還是生命世界裡真實存在的那個「種」。

## 種

什麼是「種」？這個問題一直是許多人心中的大哉問。在日常生活裡，我們接觸「種」的機會遠比接觸到「屬」來的多，那為什麼一般人對於「種」的理解卻仍經常是一知半解呢？最主要的原因應該和「種」這個詞具有的雙重定義有關。「種」可能是生物分類系統裡唯一同時具有人為與天然性質的分類位階。「種」不只存在於林奈的生物分類系統裡，它同時也是真實存在於生物世界裡的天然生物單元。沒錯，某些生物學者認為「種」之外的其他分類位階，像是目、科、屬、亞種都是人為劃分出來的產物，並不見得在自然世界裡存有，對他們而言，不論有沒有分類系統的存在，生命世界裡的「種」都真實存在。如今許多生物學者傾向接受：生命世界裡的「種」由演化論所定義，而分類系統裡的「種」則與科、屬等分類位階一般，是基於相似性程度而群聚在一起的一群生物個體。然而在十九世紀，演化論仍是驚世駭俗的言論，當時的博物學者因為缺乏遺傳學與DNA的知識，對於「種」的定義大多只有停留在分類系統上的理解。當代生物學者就不同了，在整合了遺傳學和演化生物學的知識後，他們對於「種」在生命世界的意義甚或是分類系統裡的界定都有了嶄新的體悟。

如今，生命世界裡的「種」指的是一群由獨立演化的關聯族群（meta population）組成的譜系（lineage），而「種」之間具有生殖隔離的機制，這些機制從盡量避免「種」間產生生殖上的接觸（像是不同種的植物利用錯開花開時間，或是使用專一的授粉者系統），到「種」間交配後會產生生存不利的後代（像是直接造成子代死亡或的原因。一個臺灣特有的單型屬，華參的演化尺度可能更適切反映了臺灣島整體的自然歷史。至此，藉由探索特有屬內涵的過程，不論你是否對生物地理學有興趣，我想特有屬都將是一個值得認識的生物學概念。

## 歷史上的四個臺灣特有屬

在臺灣植物分類歷史裡，除了華參屬外，其實還曾有過三個特有屬，它們都是草本植物，分別是分布在臺灣東部的茜草科玉蘭草屬（*Hayataella*）、分布在南部

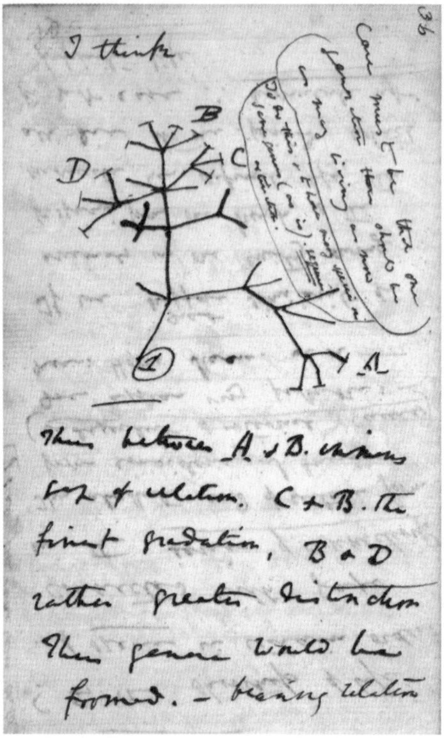


在演化論裡，達爾文從自然臨摹而出的生命之樹，基本單元也是「種」。這是達爾文於1837年7月在他的紅色筆記本（red notebook）中畫出的一棵演化樹。

©Wikimedia commons

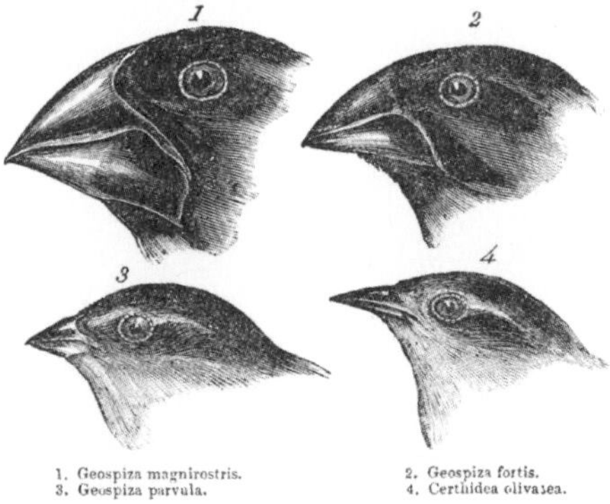


達爾文雀（Darwin's finches）。島嶼的隔離機制與自然選擇的作用可以促成物種的產生，譬如加拉巴哥達爾文雀的演化。

©Wikimedia commons

淺山地區的廣義爵床科銀脈爵床屬（*Kudoacanthus*）以及全島中低海拔山區都有分布的蘭科臺灣香蘭屬（*Haraella*）。如今這三個屬皆因為DNA分析的技術出來後，或被併入其他屬、或無法確定與近緣物種的關係，而失去了特有屬的身分。

由於這三個特有屬都是單型屬，代表著它們各自的形態不僅與臺灣產同科其他屬，甚而是全世界的同科他屬相比起來都十分獨特。它們大多在日本時代初期就已經被植物學者發現，因為特有屬的命名在分類學上較有紀念價值，因此這三個特有屬之名也分別由命名者以早田文藏、工藤祐舜（Yushun Kudo）[4]和原義江氏（Yoshie Hara）等著名學者或採集者之名拉丁文化後締造而成。然而早在DNA分析出現之前，這三個屬就一直在分類學上有所爭議，其中最主要的一個原因可能在於它們本身都各自隸屬在植物界裡的幾個大科裡。[5]由於這些大科分布範圍廣大，物種數量繁多，當中包含了非常多的小屬，分類學者一來很難蒐集到這些大科裡每個屬的物種去做比較，二來當物種眾多時，其實也很難從形態上界定出屬跟屬之間的界線。一如前面段落提過的，相似的類群彼此在形態上要有多不一樣才能夠將其中的一群或一個物種提升成屬呢？近二十年來DNA分子親緣關係學蓬勃發展，過往許多在形態上雖然獨特的單種屬，在分子親緣分析上被發現其實與另一個屬的種類非常親近，也就是從遺傳的角度來看不太有差異性，其演化歷史不足以做為一個屬。在臺灣三個草本特有屬中，茜草科的玉蘭草屬便是這樣的案例。

[4] 工藤祐舜於1928年來臺擔任臺北帝國大學理農部植物分類學講座教授，同時兼任附屬植物園園長。於隔年成立臺灣大學植物標本館，並擔任第一任的館長。

[5] 廣義爵床科包含了近兩百五十個屬，茜草科有近六百二十個屬，而蘭科則超過八百個屬。這些多屬的大科，其內對屬的界定變化十分頻繁，由於和特有屬有關的研究通常關注較高，因此對其特有性的檢測常常成為了分類學裡的優先項目。

玉蘭草（*Hayataella*）是日本著名高山植物研究學者正宗嚴敬（Genkei Masamune）[6]於一九三八年發表在《臺灣博物學會學報》的一種神祕植物。發表之初，他在報告裡指出，玉蘭草屬在形態上很像蛇根草屬（*Ophiorrhiza*），但是與蛇根草屬可以從生長習性上區分出來，玉蘭草屬植株匍匐靠地，而蛇根草屬則多是直立。雖然從比較嚴格的分類學方法來看，僅僅只靠一項外觀形態的差異就將玉蘭草界定為一個新屬實屬武斷，但是這個處理卻意外地持續被接受很長一段時間。究其原因，最主要還是在於玉蘭草其實很少見，在標本館裡的標本也非常稀少，一九九八年之前，除了模式標本外並沒有任何採集紀錄。神祕的存在使得很多茜草科的分類研究都沒有辦法取得研究樣本。一九九九年，中國大陸的分類學者首度將玉蘭草併入了蛇根草屬，並認為玉蘭草和中國大陸產的東南蛇根草（*O. exigua*）幾乎一樣。二〇〇六年，兩篇關於玉蘭草的詳細科研報告出現，其中一篇由臺日學者合作，針對玉蘭草屬的分子親緣關係進行探討，而另一篇則是由臺灣學者主筆，討論了玉蘭草與東南蛇根草間的異同。在二〇〇六年的分子親緣關係研究裡，臺日學者最終認為玉蘭草屬在遺傳層次上與蛇根草屬很難分開，因此建議將其併入蛇根草屬。而另一方面在詳盡的形態比較後，臺灣學者也確認玉蘭草的形態與東南蛇根草相異。至此，玉蘭草將近百年的分類懸案終於被釐清，玉蘭草雖然無法做為屬的位階，但仍是臺灣特有種。它的種小名並不會因為在分類位階上被降格而改變，但以早田文藏之名締造而成的屬名卻不能再使用，不過有趣的是在目

●6 正宗嚴敬（1899-1993），臺灣日本時代植物學者。1929年畢業於東京帝大植物科，爾後來臺，擔任臺北帝大理農部助手，負責臺灣三千公尺以上高寒地帶植物的採集研究。

前取樣的DNA分析裡，玉蘭草被發現與另外一種特有種早田氏蛇根草（*O. hayatana*）親緣關係最近，看來不論玉蘭草的學名如何變動，都與早田文藏有著一份奇妙的連結呢。

● 曾經在野外無比神祕的玉蘭草，
如今已時常出現在植物愛好者的作品裡。
攝影：趙建棣

## ❖ 銀脈爵床與臺灣香蘭

不若玉蘭草，分類學者們如今仍在為臺灣香蘭屬（*Haraella*）和銀脈爵床屬（*Kudoacanthus*）的特有屬地位奮鬥著，這兩個草本屬因為取樣困難，遇到的挑戰更為複雜和棘手。

首先來看銀脈爵床（*Kudoacanthus albo-nervosa*），它是一種稀有的爵床科小花，主要分布在臺灣南部，其屬名由臺北帝國大學講師細川隆英（Takahida Hosokawa）為紀念工藤祐舜，而將其姓氏Kudo-結合了爵床屬的拉丁屬名acanthus-締造而成。在原始發表文獻裡，細川隆英指出銀脈爵床應界定成一個新屬的理由，在於它的花部形態以及花粉粒表面的結構有別於其他爵床科植物。然而和玉蘭草的研究面臨一樣的問題，銀脈爵床因為並不常見，導致它雖然身為臺灣的特有屬之一，但遲至二〇〇八年才第一次被分子親緣關係研究取樣。

由於廣義爵床科底下物種繁多（近兩千五百種），科內分類工作進展緩慢，整個科像是一座裝滿物種卻沒有經過分類學家整理的儲物櫃。在這樣的情況下，銀脈爵床的特有屬地位顯然無法在短期內被確認。儘管如此，二〇〇八年的研究指出，在有限的取樣下，銀脈爵床仍顯得十分獨特，它自成一個獨立的譜系，且在DNA分化的程度與其他取樣的屬相近，也就是從遺傳角度來看有被界定成屬的潛力。更奇特的是它被發現與一群主要分布在熱帶美洲的爵床科植物特別親近，

● 銀脈爵床不論是身世還是植物本身，對許多人來說都很陌生。
小巧的披針型葉片上有白色的脈紋，故名銀脈。
花的形態是它與其他爵床差異最大之處。
攝影：陳柏豪

譬如焰鵑花屬（*Anisacanthus*）、鶴扇花屬（*Ecbolium*）、金苞花屬（*Pachystachys*），這群統稱為塔鵑花（*Tetramerium*）譜系的植物。在亞洲的爵床科植物中，目前除了銀脈爵床外，已知只有鱷嘴花屬（*Clinacanthus*）●7 也和這群植物特別親近。由於目前的研究結果還無法告訴我們塔鵑花譜系、銀脈爵床和鱷嘴花之間的親緣關係為何，使得銀脈爵床的生物地理起源仍是一個謎團。究竟它是來自亞洲還是有可能來自遙遠的熱帶美洲呢？

確認銀脈爵床特有屬的身分很大一部分受制於爵床科的取樣困難，因為這個科太大、包含了太多物種；臺灣香蘭（*Haraella retrocalla*）雖然也屬於物種數極多的蘭科，但它的特有屬地位確認則是受制於另外一種取樣困難。

臺灣香蘭大概是臺灣曾經出現的特有屬中最美麗的種類了，而且它不像玉蘭草或銀脈爵床那般難以遇見。臺灣香蘭零星分布在臺灣全島的中低海拔潮溼山區，雖然不若臺灣蝴蝶蘭、一葉蘭等明星蘭花有著大型亮麗的花朵，但花形搶眼，色澤獨特，整體外觀上仍頗為吸睛。臺灣香蘭由於花期長，又有臺灣特有屬的封號，在過去幾十年裡成為許多園藝獵人盜採的對象。幸好政府近年在臺灣香蘭的組織培養技術上取得進展，使得花市上已可採購到人工培育的香蘭植株，大大降低了臺灣香蘭野外族群的生存壓力。

臺灣香蘭於一九三〇年由工藤祐舜在《熱帶農學會誌》發表成臺灣特有屬。其實早在一九一七年，早田文藏便曾驚豔於這種美麗、獨特的小蘭花，只是當時

●7 鱷嘴花屬主要分布在中南半島、馬來半島以及中國大陸華南等地，是一種多年生草本植物，因為同時具藥用及食材功能，尤其網傳具有治癌效果，因而備受關注。

他認為香蘭應該是某種囊唇蘭（*Saccolabium*）●8，因而將它發表成一個囊唇蘭屬的新種。爾後根據工藤祐舜的發表文獻所述，早田文藏的觀察可能不甚正確，臺灣香蘭從形態上來看應該與盆距蘭（*Gastrochilus*，臺灣慣稱松蘭屬）●9較為相似，只是在唇瓣的形態上又與其大為相異，因此才建議將它獨立成一個屬。二〇一五年，一篇關於蘭科指甲蘭亞族（subtribe Aeridinae）●10的分子親緣關係研究，首次討論到臺灣香蘭是否真的是一個獨立的屬。在DNA分析的結果裡，臺灣香蘭並沒有被包含在其他指甲蘭族底下的任何屬內，顯示它本身是一個獨特的演化譜系，且一如工藤祐舜的觀點，臺灣香蘭與盆距蘭屬的蘭花最為親近。是次研究也進一步發現臺灣香蘭屬和盆距蘭屬、鹿角蘭屬（*Pomatocalpa*）共同組成了指甲蘭亞族底下的一個獨特的演化譜系，稱作盆距蘭支序（*Gastrochilus* clade）。未來還需要從盆距蘭屬和鹿角蘭屬裡做廣泛的取樣，來驗證臺灣香蘭的特有屬地位。

儘管分子親緣關係的研究目前認為臺灣香蘭屬極有機會是一個屬，但是它的特有屬地位還是受到了挑戰。一九八〇年代，沖繩植物紅皮書計畫出版了第三版《沖繩受威脅蘭花名錄》，其中報導了在西表島上發現臺灣香蘭，然而弔詭的是，自該次觀察紀錄之後，西表島就再也沒有出現過任何臺灣香蘭的蹤影。這筆三十多年前的神祕紀錄使臺灣香蘭做為臺灣特有種的想法受到了質疑，且由於當時名錄並沒有留下任何引證的標本以及更詳細的敘述，這樣的困惑至今仍未能解開。也因此，臺灣香蘭所面臨的取樣困難，和玉蘭草與銀脈爵床相比，在於不知道該

●8 囊唇蘭屬在十九世紀時是一群分類處理混亂的屬，包含了許多形態各異的類群，因而後來分類學家從此大屬中分離出來許多個屬，現在此屬底下成員只剩較少物種。

●9 盆距蘭屬大約有五十種，是一種常綠單莖性的附生蘭，主要分布在印尼、日本、中國西南山地與喜馬拉雅山區，生長在中低海拔的樹上，尤常出現在針闊葉混合林中。

●10 在某些植物大科裡，由於物種太多，因此在科與屬之間還會設立一些較不常見的次級分類階層，像是族（Tribe）、組（Section）、系（Series），而這些次級分類階層底下，還可以再分一級，綴以「亞（sub-）」字。指甲蘭亞族包含了約九十個屬，是蘭科裡物種最繁多且分類十分紊亂的一個類群。

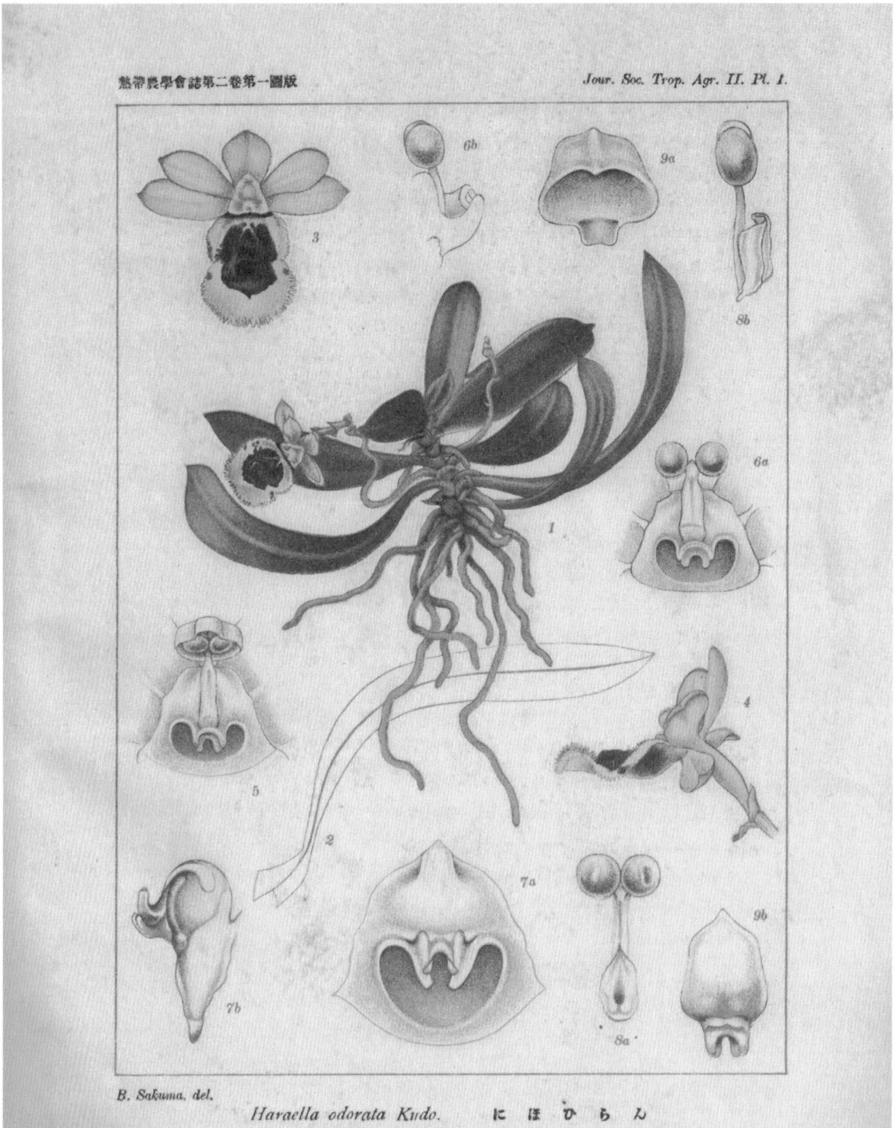


**●臺灣的蘭科新屬——香蘭屬●**

工藤祐舜著、佐久間文吾繪

臺灣香蘭可能是臺灣曾經的特有屬中最美豔動人的一個。這幅由佐久間文吾（Bungo Sakuma, 1868-1940）繪製的香蘭（*Haraella retrocalla*）彩色繪圖，依據的是臺大植物標本館第一任館長工藤祐舜（1887-1932）在1930年命名的*H. odorata*這個學名的複模式標本（isotype）。

資料提供：國立臺灣大學植物標本館　原始出處：《熱帶農學會誌》第二卷第一圖版

## 臺灣特有屬與國立臺灣大學的關聯

也許可以算是一段有趣的軼史，四位發表臺灣特有屬的學者都和國立臺灣大學以及其前身臺北帝國大學有著一分奇妙的聯結。一九二八年臺北帝國大學成立，由**工藤祐舜**擔任理農學部植物分類學講座及附屬植物園園長，並於隔年成立植物標本館。在擔任植物分類學第一講座期間，他指導了山本由松（Yoshimatsu Yamamoto）、正宗嚴敬、鈴木重良（Sigeyosi Suzuki）、佐佐木舜一、細川隆英及森邦彥等重要的植物學者，並帶領他們在臺灣展開植物調查，其成果由正宗嚴敬於一九三六年發表為《最新臺灣植物總名錄》。一九四五年，日本戰敗投降，「臺北帝國大學」改制為「國立臺灣大學」。正宗嚴敬及山本由松這兩位當年工藤祐舜的學生，在改制後仍留在臺灣於臺大植物系任教，直至一九四七年山本由松病逝於臺北，正宗嚴敬才返回日本。之後國立臺灣大學的植物分類學，便由李惠林教授接手。自一九二八年到一九四九年這短短近二十年的光陰，在臺北帝國大學與臺灣大學任教的這一批學者，發表了四種特有屬，展現了強大的植物分類研究動能並因此活躍於國際學術舞臺上。

● 國立臺灣大學的前身是臺北帝國大學（Taihoku Imperial University）
©Wikimedia commons

● 國立臺灣大學植物標本館入口處館徽由華參葉片組成
攝影：游旨价

如何去確認西表島上的臺灣香蘭是否真的存在。

## 身世詭奇的華參

如今三個臺灣的草本特有屬，不是被分類學家處理成別的屬，便是因為資料不足而無法確認「屬」的位階，有些學者認為這樣的結果更為合理且貼近臺灣島的自然史。因為臺灣島現今地貌形成的歷史可能不到六百萬年，且在第四紀冰河期時，臺灣島曾多次與亞洲大陸相連。在島嶼地質年齡相對年輕，且地理隔離時間不長的情況下，在屬的位階發生特有現象的機率其實是不高的。反過來說，若真的有確認的特有屬出現，就顯得格外珍貴。

在臺灣曾經發表過的四個特有屬中，唯一的木本特有屬五加科[11]華參屬，是中央研究院院士李惠林教授於一九四九年在哈佛《阿諾德樹木園期刊》[12]上所建立。自發表成特有屬後，它的地位便十分穩固，不曾被挑戰過，因而成為臺灣島上嚴格來說唯一的特有屬。早在一九〇八年，早田文藏便曾在《臺灣高山地

11 五加科（Araliaceae）共有五十二個屬，九百多種，主要分布在北半球。本科植物有許多是重要的中藥材，如人參、三七、西洋參、通草、五加等，因此其中文名中常帶有「參」字。

12《阿諾德樹木園期刊》（*Journal of the Arnold Arboretum*）是由哈佛大學阿諾德樹木園負責刊行的學術期刊，採季刊發行（現已停刊）。始刊於1919年，歷史悠久，學譽隆崇。

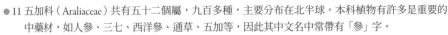

● 華參，臺灣唯一仍被分類學承認的特有屬，偶見於臺灣中高海拔山區。
攝影：呂碧鳳

帶植物誌》中描述過這個奇怪的五加科植物，當時他依據華參的形態推測其似乎屬於某個熱帶美洲特有五加科植物燭參屬（*Oreopanax*）的一員，並為此大為震驚。他寫道：在這座島上發現燭參屬的植物是非常令人驚訝的，因為在我至今的理解中，美洲之外世界的任何一地，似乎只有臺灣島才有這類植物。雖然李惠林教授後來將華參移出了燭參屬，但仍主張它與燭參屬之間具有相當程度的形態相似性。李惠林教授的推測在二〇一六年一篇針對中國大陸產五加科的分子親緣關係研究中得到相當的佐證，在結合了核基因和葉綠體ＤＮＡ所重建出的親緣關係

● 與臺灣華參具有相當程度相似性的熱帶美洲特有燭參屬（*Oreopanax*）。這是熱帶美洲特有的五加科植物，目前界定有五十多種。

● 臺灣八角金盤，華參的可能姊妹類群之一。分布於臺灣、琉球群島和小笠原群島。
攝影：謝佳倫

樹裡，華參與燭參屬有一定的可能性互為姊妹群，這意即一個奇特且嶄新的溫帶植物間斷分布模式（臺灣—熱帶美洲間斷分布）被發現了。然而，值得注意的是，在只有葉綠體DNA的分析裡，華參也被發現有機會和另外一種東亞特有的五加科植物八角金盤屬（*Fatsia*）[13]互為姊妹群。雖然這層新揭示的關係在可能性上不如華參與燭參屬間的高，卻也讓華參的生物地理起源顯得更加撲朔迷離。

## ❖特有植物的生態底蘊

臺灣是近五千多種維管束植物的棲所，也是千餘種特有植物演化的舞臺。然而，若是不考慮臺灣島的地質年齡的話，同樣的數據與東亞其他島嶼相比，

●13 八角金盤屬具有很有趣的生物地理分布模式，它只有三個種，分別分布在日本南部、小笠原群島和臺灣。在臺灣，中海拔的潮溼山地裡非常容易見到臺灣八角金盤（*Fatsia polycarpa*）這種有著巨大八爪葉形的美麗小喬木。在分析了三種八角金盤屬葉綠體DNA的序列後，臺日學者們認為八角金盤屬是在第四紀末期從日本分好幾次向南（往臺灣與小笠原群島）拓殖，然後在日本與這兩地間的傳播連結消失後，才在兩座島上演化出特有種類。

● 南韓濟州島面積約為臺灣的二十分之一，面積雖小但島上有令人印象深刻的植物多樣性。島上最高峰漢拏山則是特有物種最多的地區。
攝影：游旨价

似乎並沒有特別突出。若單看物種數，南韓濟州島在一六八三平方公里的面積上，維管束植物種類就多達兩千種；北方的日本列島近五千種維管束植物，其中近半比例是特有種；南方的菲律賓群島保守估計有八千餘種植物，超過半數是特有種；印尼群島，雖然至今許多地方仍是科學的空白地帶，但光是目前已知的維管束植物種類就已有兩萬八千餘種，一樣超過半數是特有種。物種數量和特有種比例只能做為一種生物多樣性的初步評估，但臺灣許多人時常過度強調這類數據，忽略了這個數據必須同時考量臺灣島的地質年齡和自然歷史才有意義。這也暗示著大部分的人們對於臺灣島上的植物除了數字之外，瞭解得並不多。

臺灣島植物相最特別的地方在於其組成的來源十分多樣。這座小島像是一座植物驛站，收匯了來自四方的植物家族，島上的特有植物則大多是新特有性的類群，也就是自臺灣島橫空出世後，在島上跟著變化的地質與氣候一同演化，最終累積了足夠與親代物種區別開來的差異，完成了特有化的過程。而華參，除了在五加科中具有獨一無二的形態，也因為它有趣的生物地理起源，適切反映了臺灣島做為一座植物驛站的特色，成為我心裡植物博覽會中臺灣代表的最佳選擇。其實早在大學剛開始登山之時我便知道華參了，雖然那時我不太會認植物，但是華參獨特的外型，讓我印象十分深刻。它有一片毛茸茸、褐色披著銀毛的葉子，形狀奇特像是一雙雙小小的手掌。華參樹在山裡成樹不成林，但奇妙的是每每在最偏遠的中級山裡冒險開路時，總有機會遇到一棵孤獨美麗的華參大樹。大樹的周遭總是鋪著一層厚厚的美麗落葉，每每都是先在地上看見銀褐色的葉子，才開始尋找起華參的身影，記得自己每次都會撿拾一兩片放進背後的背包套裡帶下山做紀念。直到有次在研究室裡，被鍾老師發現，他跟我說了華參屬和遠在美洲的燭參屬間的奇特連結，往後我再在山裡遇見華參樹，心中又多了一份浪漫的遐想。一直以來，每次進入山裡，都覺得臺灣的高山像是另外一個世界，跟自己從小生活長大的臺灣不太相像。後來當走在有長著華參大樹的稜線上時，我都會忍不住想到它與生長在遙遠異地的姊妹物種間的關係，然後深信著眼前的稜線只要一直順著走，便會通往世界上的某個神祕角落……

● 南湖大山的臺灣高寒特有植物群。臺灣島在島嶼地質年齡相對年輕且地理隔離時間不長的情況下，植物發生在屬的位階的特有現象其實機率較低，特有種比例最高的高寒地區，也沒有特有屬發生。
攝影：游旨价

*Botanical Garden* 97: 306–364.

Braun-Blanquet J (1923) *L'origine et le développement des flores dans le massif central de France; avec aperçu sur les migrations des flores dans l'Europe sudoccidentale.* Editeur Leon Lhomme, Paris, 282 pp.

Cain, S. A. (1944) *Foundations of plant geography*. Harper: New York.

Chou, F.-S., Yang, C.-K., Liao, C.-K. (2006) Taxonomic Status of *Ophiorrhiza michelloides* (Masam.) X. R. Lo (Rubiaceae) in Taiwan. *Taiwania* 51(2): 143-147.

de Candolle, A. P. (1820) Essaye élémentaire de Géographie Botanique. F.S. Laeraule.

de Queiroz, K. (2005) Ernst Mayr and the modern concept of species. *Proceedings of the National Academy of Sciences* 102: 6600-6607.

de Queiroz, K. (2007) Species concepts and species delimitation. *Systematic Biology* 56(6): 879-886.

Engler, A. (1882) *Versuch einer Entwicklungsgeschichte der Pflanzenwelt.* Leipzig: Engelmann.

Fernald., M. L. (1924) Isolation and endemism in northeastern America and their relation to the Age-and-Area. *American Journal of Botany* 11(9): 558–572.

Kruckeberg, A. R., Rabinowitz, D. (1985) Biological aspects of endemism in higher plants. *Annual Review of Ecology and Systematics* 16(1): 447–479.

Li, R., Wen, J. (2016) Phylogeny and diversification of Chinese Araliaceae based on nuclear and plastid DNA sequence data. *Journal od Systematics and Evolution* 54(4): 453-467.

Linder, H. P., Baeza, M., Barker, N. P., Galley, C., Humphreys, A. M., Lloyd, K. M., Orlovich, D. A., Pirie, M. D., Simon, B. K., Walsh, N., Verboom, G.A. (2010) A generic classification of the Danthonioideae (Poaceae). *Annals of the Missouri Botanical Garden* 97: 306–364.

Liu, Q., Song Y., Jin, X.-H., Gao, J. Y. (2019) Phylogenetic relationships of *Gastrochilus* (Orchidaceae) based on nuclear and plastid DNA data. *Botanical Journal of the Linnean Society* 189(3): 228–243.

McDade, L. A., Daniel, T. F., Kiel, C. A. (2008) Toward a comprehensive understanding of phylogenetic relationships among lineages of Acanthaceae s.l. (Lamiales). *American Journal of Botany* 95(9): 1136-1152.

Nakamura, K., Chung, S.-W., Kokubugata, G., Denda, T., Yokota, M. (2006) Phylogenetic systematics of the monotypic genus *Hayataella* (Rubiaceae) endemic to Taiwan. *Journal of Plant Research* 119(6): 657-661.

Sobel, J. M., Chen, G. F., Watt, L. R., Schemske, D. W. (2010) The biology of speciation. *Evolution* 64(2): 295-315.

Stearn, W.T. (1959) The background of Linnaeus's to the nomenclature and methods of systematic biology. *Systematic Zoology* 8: 4-22.

Wen, J., Ickert-Bond, S., Nie, Z.-L., Li, R. (2010) *Timing and modes of evolution of Eastern Asian – North American biogeographic disjunctions in seed plants.* Darwin's Heritage Today.

Willis, J. C. (1922) *Age and area: a study in geographical distribution and origin of species.* London: Cambridge University Press.

Zou, L.-H., Huang, J.-H., Zhang, G.-Q., Liu, Z.-J., Zhuang, X.-Y. (2015) A molecular phylogeny of Aeridinae (Orchidaceae: Epidendroideae) inferred from multiple nuclear and chloroplast regions. *Molecular Phylogenetics and Evolution* 85: 247-254.

5

# 威爾森迷戀的針葉樹之島

## 臺灣針葉樹綜覽

繪圖：黃瀚嶢

「東亞最好的森林，以及加州之外世界最巨大與拔尖的針葉樹，都在臺灣島的群山之上。」

——威爾森（Ernest H. Wilson），一九二〇年

## ❖傳奇的威爾森

威爾森是二十世紀上半葉英國最傑出的一位植物獵人與植物學者，他充滿冒險的一生濃縮在五次前往東亞的植物採集長征裡。十二年的光陰，他不畏腿疾走遍中國大陸、朝鮮半島、日本列島和臺灣，翻山越嶺只為歐美園林界探尋最隱密美麗的東方植物。他在松潘河谷經歷了崩塌事件，換來高貴的王之百合（*Lilium regale*）的出世；他穿梭在康定高山的冰雨中，只為與傳說中的喜馬拉雅金色罌粟（*Meconopsis integrifolia*）相遇；他的萬里行腳最終為歐美園藝界引入了近兩千種東亞植物，其中包含近百個新種，當代許多家喻戶曉的園藝品種從中而生。他製作的近十萬份、四千五百種植物標本，為近代植物學發展留下了無遠弗屆的影響，至今來自世界各地的植物學者仍聚集在哈佛大學與皇家邱園，沉浸於這批歷史遺產，探究東亞植物的奧祕。

威爾森自少年時期起便展現了綠手指的天分，尤其在栽植針葉樹上特別在行。儘管早已盡覽整個東亞植物相的模樣，臺灣島在這位傳奇的植物學者心中卻

始終留有一個特別的位子。究竟臺灣有什麼樣的植物令威爾森如此迷戀？答案也許會讓你大吃一驚，讓威爾森念念不忘的，竟是開不出豔麗花朵、也沒有甜美果實的裸子植物。其中，臺灣杉（*Taiwania criptomerioides*）是威爾森的摯愛，他難忘於它的「高大英俊」，也著迷於它奇特的地理分布。他亦讚嘆紅檜「龐大」的身軀，以及驚人的神壽，說自己曾在一株紅檜倒木上數到了兩千七百圈的年輪。雖然臺灣沒有針葉樹的特有屬，但威爾森直言，以臺灣島的面積來看，針葉樹特有種的

● 喜馬拉雅的金色罌粟，中文名喚全緣葉綠絨蒿。
威爾森在四川發現全緣葉綠絨蒿時曾在日記中寫下：
美麗的喜馬拉雅金色罌粟在山坡上開著巨大的、
球形的、向內彎曲的黃花，綿延幾英里。高大的植株，
金黃的花朵，呈現出一片景觀宏大的場面，
我相信再也找不到一個這般誇張華美的山中花園。
攝影：魏來

● 威爾森（Ernest H. Wilson, 1876-1930），二十世紀上半葉英國最傑出的一位植物獵人與植物學者。
©Wikimedia commons

比例古怪地高，且在科與屬的組成上也十分多樣，大部分北半球有的類群幾乎都可以在臺灣看到，甚至還有些特別珍奇，東亞特有的孑遺類群。

基於自己野外考察的經驗，威爾森對早田文藏關於臺灣高山植物地理起源的假說提出了批評。他認為早田對於東亞植物的瞭解並不夠廣泛，尤其是對中國大陸西南地區的物種。他指出臺灣高山上雖然有紅檜與昆欄樹這些充滿日本特色的針葉樹種，但整體高山植物相的組成，尤其是中高海拔，應該與中國大陸華西和西南地區最為親近，而不是中國大陸的華南地區或是日本。威爾森的評論雖然在當時與許多日本學者相異，卻在當代獲得了學界的廣泛支持。至今，臺灣島在全球針葉樹愛好者眼中，仍是一個奇蹟之島，孕育著東亞各種代表性的物種，而它們特有現象的起源，以及傳來島的過程，都是十分吸引人的問題。

## ❖黑暗之島孕育的驚奇

一九〇六年，早田文藏在國際植物學社群裡投下了一顆

## 中國的威爾森
# 威爾森在中國的採集與引種

西方園藝文化淵遠流長，對於奇花名樹的追求歷久不衰。二十世紀初，隨著西方博物學者聚焦東亞，擁有最多植物種類的中國大陸遂逐漸成為當代西方園藝界最重要的種源中心，被稱為西方庭園之母。威爾森是將中國大陸特有的美麗植物送入西方園藝界的主要推手之一，曾在著作中盛讚中國乃花之國（Flowery kingdom）。威爾森待人真誠，不只熱愛這塊土地上的植物，也善待其上的居民。在一次四川松潘考察中，他深情地說，如果有來世，他希望能生活在那裡。也因此他被西方人士在其名字中加入Chinese一詞（Ernest H. Chinese Wilson），暱稱為中國的威爾森。

一八九九年春，威爾森經由香港前往中國大陸，隔年他便在湖北宜昌發現了中華獼猴桃（*Actinidia chinensis*），這種經濟植物被引介到西方，馴化後成為世界知名的奇異果。發現獼猴桃的同年，威爾森也在巴東找到尋覓已久的珙桐，一種被當時西方園藝界稱為北半球最美麗樹木的珍稀植物。一九〇三年，威爾森沿茶馬古道前往康定，在高山地帶找到了傳說中的喜馬拉雅金色罌粟，並在隔年成功遣人收集到它的種子。從此，金色罌粟花成為西方家喻戶曉的觀賞花卉，費區園藝公司特地為此用純金片和四十顆鑽石，製成一枚金色罌粟花的領帶飾針贈予威爾森，以表彰他對園藝學的貢獻。一九〇六年，威爾森的第一個孩子出生，他採自康定的一種開著暗紅色的美麗報春花也同時綻放，威爾森將其命名為香海仙報春（*Primula wilsonii*），又稱威爾森報春。一九〇八年初夏，威爾森在岷江河谷發現了有王之百合之稱的岷江百合，此花後來成為英國家家戶戶栽植的園藝花卉。一九一〇年，威爾森來到天府成都，川西豐富多樣的高山植物令威爾森流連忘返，他在黃龍寺發現了西方園藝界譽稱為傲慢的瑪格麗特的黃花喜普鞋蘭（*Cypripedium flavum*），此花高貴典雅，與姊妹種北美特有的富蘭克林喜普鞋蘭（*C. passerinum*）呈現出有趣的東亞—北美間斷分布。

學術震撼彈。他根據小西成章採自南投竹山烏松坑山的一份無名針葉樹標本，在當時世界植物學的頂尖期刊《林奈學會植物學期刊》上以臺灣為名，發表了一個裸子植物新種——臺灣杉。由於這個新種模樣奇特，無法歸類至現生任何一個裸子植物的屬裡，因此早田文藏除了發表新種，同時以臺灣杉做為屬模式建立了裸子植物新屬臺灣杉屬（*Taiwania*）。彼時二十世紀初，國際之間競合消長，發現具有經濟價值的新種植物乃是各國展現科研實力的一種方式。那時一干西方學者與植物獵人早已在中國大陸以及印度等地完成了多趟植物探險，正享受著東亞豐沛的植物相為他們所帶來的經濟與科學利益，臺灣這座當時被視為植物學黑暗之地[1]的邊陲小島，居然短期之內就由日本人相繼發表了紅檜與臺灣杉[2]等神奇、深具園藝價值的特有植物，後者甚至還是一個新屬。這不僅令歐美學者驚愕，更一舉將早田文藏所代表的日本植物學界以及臺灣的原生植物推上了國際舞臺。[3]由於這些珍奇植物，臺灣往後也成為博物學家探索東亞時不能不列入的一處新地點。

不久後，臺灣杉相繼在中國大陸湖北、雲南、福建和緬甸[4]、越南北部（黃連山）被發現，臺灣特有屬的位階

● 早田文藏（Bunzo Hayata, 1874-1934），東京大學理學博士。研究臺灣植物十九年，完成《臺灣植物圖譜》十卷，命名多達一千六百三十六種植物，被稱為「臺灣植物學之父」。

© Wikimedia commons, Sasaki - Trans. Nat. Hist. Soc. Formosa 24. 1934

●1 當時學界常以黑暗一詞來描述臺灣深山當時未受科學探索的蠻野之地。

●2 早田文藏早在1906年即在發表的論文《臺灣高山植物報告》中提及，臺灣植物相雖已有少許歐美植物學家做過研究，但調查幾乎只限於平地，高山植物相的調查仍貧缺，是一個植物學者至今為止都無從接觸的領域。

●3 其實在早田文藏心中一直認為臺灣杉是二十世紀植物學史上最重大的發現之一，受到國際矚目是必然的。臺灣杉的成就成為他往後在臺灣植物研究上最大的鼓勵。他以「臺灣」做為新屬的名字，表露了他對臺灣植物深切的情感，以及以此為一生懸命的志業的初衷。

● 早田文藏臺灣杉線繪圖。早田文藏於1906年以臺灣為名在當時世界植物學頂尖期刊《林奈學會植物學期刊》發表了裸子植物新種——臺灣杉。

©Wikimedia commons, By Tokyo Shokubutsu Gakkai; Nihon Shokubutsu Gakkai - in the botanical magazine *Shokubutsugaku Zasshi* (1907)

不再，但是另一方面，古植物學的學者們卻發現臺灣杉居然是一種活化石，它最古老的化石紀錄可以追溯到北美洲阿拉斯加約一億年前白堊紀的地層裡，而在整個新生代，它也零星地分布在歐亞大陸與北美洲各地。令古植物學者驚訝的是，億萬年來臺灣杉似乎完全沒有改變樣貌，與現生臺灣杉在形態上幾無差別。此外，雖然目前僅局限分布在東亞的幾處地區，但在悠久的地質年代裡，臺灣杉屬的植物曾在北半球有著廣闊的分布，似乎暗示它曾適應了比現今更多樣的環境。而這之中，最特別的一種應該是極圈氣候了。不論古今，極圈地區由於低溫和冬季長夜，對樹木來說都是生存惡地，但根據化石來看，古臺灣杉在白堊紀時曾分布到靠近極圈之處，顯示它們具有適應冬季低溫且日照不足的獨特能力。[5]

究竟臺灣島上的臺灣杉族群從何而來？現存的臺灣杉不同族群之間的關係又是如何？在廣泛取樣了現生的臺灣杉族群後，學者們從DNA分析裡發現，雖然臺灣杉整體的遺傳多樣性很低[6]，但臺灣島的臺灣杉與亞洲大陸的族群在遺傳上分化程度較高，暗示兩地之間的臺灣杉可能彼此已許久沒有交流，才會各自都演化出新的或保留了獨特的古老基因型。而進一步以分子鐘分析，臺灣島的臺灣杉與亞洲大陸分離至少已有兩、三百萬年。基於以上資訊，學者們遂推測世界上現存的臺灣杉應該各是好幾個孑遺在各地的族群，其祖先原本在東亞廣泛分布，因為受到第四紀冰河期的影響而導致分布破碎化。在目前研究

[4] 有些中國植物分類學者傾向將中國和緬北一帶的臺灣杉處理成另外一個物種——禿杉（*Taiwania flousiana*）。

[5] 臺灣杉最古老化石紀錄（*Taiwania schaeferi*）出現在挪威史匹茲卑爾根（Spitsbergen）群島之古新世至始新世地層（五千萬至六千五百萬年前），此島位在北極圈內，目前之植群僅有凍原與極地石楠原（arctic heathland）

[6] 生物的演化源於遺傳變異，所以遺傳多樣性是物種生存和演化過程中很重要的一環。一般來說，遺傳多樣性高的族群或物種，基因組成較多樣，因此潛在適應環境變遷的能力較高，而遺傳多樣性低的族群，遇到劇烈環境變化時較易有滅絕的危機。遺傳多樣性的降低通常發生在生物族群縮減，且族群彼此間隔離程度加劇的情況。

● **對頁**｜臺灣杉大樹，原住民族口中「撞到月亮的樹」，亦可能是東亞能長到最高的樹種。
攝影：游旨价

● 圖中黑色線條框範圍為現生臺灣杉的地理分布位置
● 化石紀錄分布：
●：晚白堊紀早期（約8800萬年前）
▲：古近紀早期（約5500萬年前）
○：古近紀漸新世（約2700萬年前）
△：新近紀中新世（約1400萬年前）
繪製：游旨价、黃瀚嶢

# 臺灣杉現生與化石紀錄分布圖

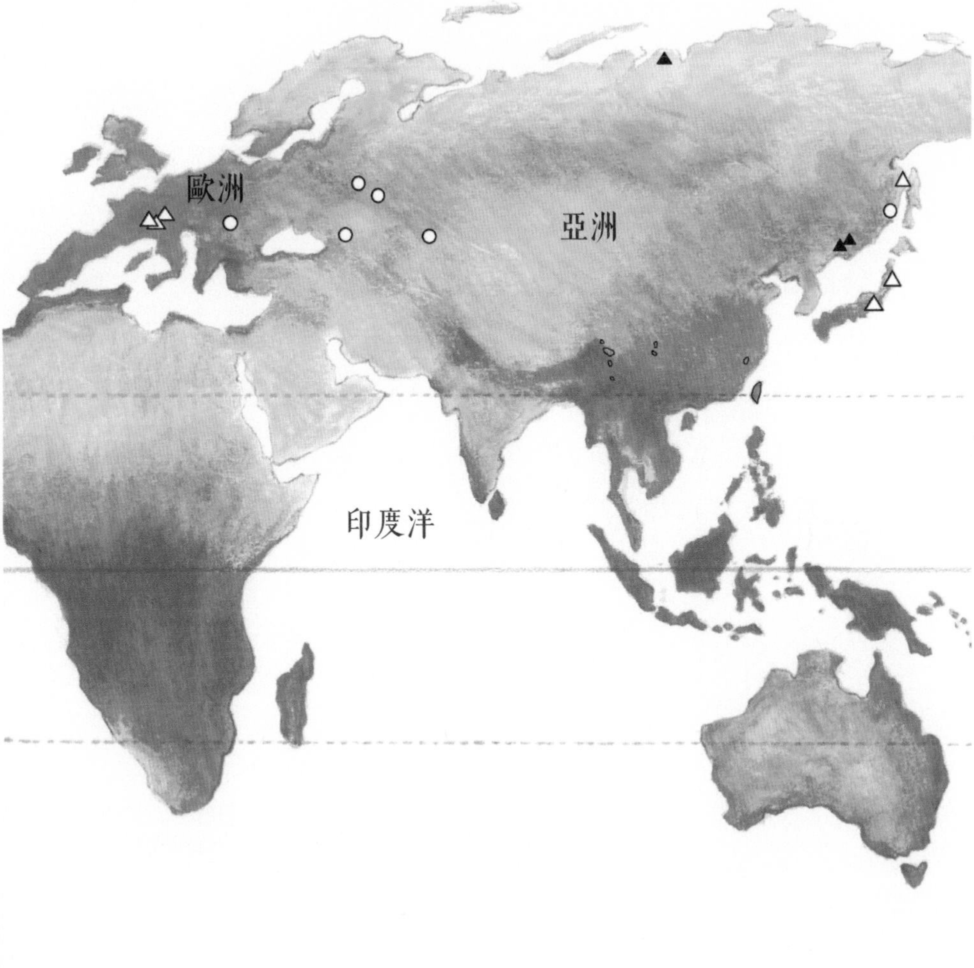

取樣的範疇裡，由於中國大陸雲南、越南北部山區和臺灣島的臺灣杉擁有最高的遺傳多樣性，因此這些地方最有可能是現生臺灣杉祖先在冰河期的避難所，其餘地區的臺灣杉則可能是從避難所擴張出去的族群。

不過在世界諸多針葉樹愛好者心中，臺灣最珍貴的針葉樹可能不是臺灣杉、紅檜這些大明星，而是臺灣穗花杉（*Amentotaxus formosana*）。在臺灣，穗花杉的珍貴性甚至有「法」可循，它是島上五千多種植物中唯四經我國《文化資產保存法》[7]公告的自然紀念物之一[8]，其野生族群受到法律嚴格的保護。

穗花杉屬植物是十九世紀末歐陸植物學者在東亞發現最獨特的裸子植物之一，從發表之初就不斷地在不同的分類位階中調動著[9]，在分類學上頗具爭議。穗花杉和常見的針葉樹（譬如松樹、杉樹等）之間最大的差異在於其果實是核果而不是毬果，而且外頭還有一層鮮紅的**肉質**假種皮，十足顛覆一般人對針葉樹的想像。穗花杉屬目前僅有五種，分別分布在中國大陸雲南、華南、越南和臺灣島的低海拔山區，和臺灣許多人對針葉樹都長在高山上的印象相悖。事實上，穗花杉的第一筆發現紀錄便是來自於香港！[10]隨後才又在臺灣、四川、貴州、湖北等地相繼發現。由於剛開始西方學者對穗花杉的瞭解並不多，因此武斷地認為這些四散各地的穗花杉都是同一個物種。一直要到二十世紀中葉，來自臺灣的學者李惠林在《阿諾德樹木園期刊》上為穗花杉屬的植物做了一次全面的分類訂正，才將屬內的成員大致都界定出來。在李氏的分類裡，除了模式種穗花杉（*A.*

[7]《文化資產保存法》所指的自然紀念物包括珍貴稀有植物、礦物、特殊地形及地質現象；而珍貴稀有植物之指定基準為「本國特有且族群數量稀少或有絕滅危機者」，藉由嚴謹的法律規範，確保其自然族群不受人為破壞。

[8] 其餘三種受《文化資產保存法》保護的自然紀念物是南湖柳葉菜、清水圓柏與臺灣山毛櫸，其中只有臺灣穗花杉和南湖柳葉菜是特有種。

[9] 穗花杉屬曾被當作羅漢松屬或是粗榧屬，亦曾被提升成穗花杉科過。如今分類學者大致確認穗花杉應為一個屬，只是該置於三尖杉科下還是紅豆杉科下仍是爭論中的議題。

[10] 很多人可能不知道香港也有穗花杉的分布，且為其分布的南緣，在馬鞍山、大帽山、柏架山、大東山、鳳凰山等地可見。

● 臺灣穗花杉的雄毬花，也是中文屬名中「穗花」的由來。 攝影：楊智凱

*argotaenia*）之外，又正式發表了三個新種：華夏穗花杉（*A. cathayensis*）、雲南穗花杉（*A. yunanensis*）以及臺灣穗花杉。近期的分子親緣關係研究裡，這些穗花杉物種被發現彼此間的遺傳分化程度並不顯著，因此有些學者並不支持這樣的分類。

從DNA分析的結果來看，現存穗花杉屬整體的遺傳多樣性和臺灣杉一樣，與其他裸子植物相比都有些偏低，而分子鐘的分析則顯示穗花杉屬內各物種間的分化年估計大概只有一至三百萬年。然而和臺灣杉不同的是，現存穗花杉屬裡遺傳多樣性最高的物種並不是臺灣島上的臺灣穗花杉，而是中國大陸的穗花杉。也因此研究人員認為臺灣的穗花杉應該是在冰河期結束之後，氣候回暖之際，自中國大陸的避難所擴張後來到臺灣。近年在中國與越南邊境一帶又新發表了一種穗花杉——河口穗花杉（*A. bekouensis*），由於河口穗花杉跟臺灣穗花杉一樣，在分子親緣關係樹上與穗花杉、雲南穗花杉和華夏穗花杉的關係較遠，因此它們之間的關係也就更令人感到好奇了。

● 漢納威爾大樓（Hunnewell building）是阿諾德樹木園目前的訪客中心以及樹木園圖書館　攝影：游旨价

威爾森與費區園藝和阿諾德樹木園的合作十分順利愉快，阿諾德樹木園在威爾森完成費區園藝頭兩次的採集任務後，又分別於一九〇五至一九〇七、一九〇七至一九一〇和一九一一至一九一三年聘用威爾森到中國大陸為其採集植物，前兩次分別在湖北和四川，第三次則有來到臺灣。威爾森在這三趟採集之後，因為第一次世界大戰的爆發再也沒有返回亞洲，但是這十二年間的成果早已為其奠定了一生名望。一九一三到一九一七年，沙堅特主編並出版了《威爾森植物誌》（*Plantae Wilsonianae*）三冊，記載並描述中國大陸華中、華西地區木本植物三千三百五十六個分類群，成為二十世紀初中國大陸植物相研究最權威的著作。沙堅特還根據自己長期對北美和東亞植物的研究，率先發表了一些與北美與東亞植物分類群比較的文章，為兩地植物區系的比較和植物地理學研究提供了重要的貢獻。

一九二七年，威爾森接任阿諾德樹木園的園長，但不幸在一九三〇年因為一場意外車禍與妻子一同離世，結束燦爛又傳奇的一生。

## 威爾森／美國哈佛大學附屬阿諾德樹木園／亞洲

美國哈佛大學是世界頂尖的高教學府，但可能很少人知道其附屬機構阿諾德樹木園（Arnold Arboretum）也是一座世界頂尖的植物學研究中心。這座北美地區歷史最悠久的植物園，始建於一八七二年，興建經費源於富商阿諾德（James Arnold）所留下的一筆用於促進農業與園藝改良的捐贈款。阿諾德樹木園成立之初，哈佛大學希望將其發展成一個兼具科學研究與傳遞科普的樹木學教育基地，而樹木園的第一任園長沙堅特（John S. Sargent）正是為此打下堅實基礎的關鍵人物。樹木園建成不久，沙堅特透過他在北美樹木分類學的扎實研究，為樹木園樹立了良好的聲譽，之後更隨著他的研究方向轉向亞洲的溫帶植物，從研究到引種，一步步的深入，逐漸使得阿諾德樹木園在樹木分類學、樹木生態與生理學的研究領域嶄露頭角。

哈佛大學與亞洲植物的淵源十分深厚，早在十九世紀中葉，哈佛大學的植物學者阿薩·格雷（Asa Gray）就注意到北美植物與東亞植物（尤其是日本）有很多相似的物種。待阿諾德樹木園建成後，哈佛大學在世界各地廣泛徵收木本植物的種子，當時一批來自俄羅斯駐中國大陸使館捐贈的北京花卉種子，在沙堅特的栽培下順利成長，成為格雷研究理論的素材。十九世紀末，在中國大陸湖北宜昌擔任海關的韓爾禮（Augustine Henry）將其在湖北西部採集的大批植物標本送回歐美，並在信中提到湖北植物潛在的園藝價值（其中最著名的一種植物便是珙桐）。韓爾禮的話受到當時對東亞植物一直十分關注的沙堅特的重視，他前瞻地意識到這個資訊可能會為美國城市的美化提供極大的幫助，遂建議英國著名的費區園藝公司（James Veitch and Sons Nursery）徵派一位採集者到中國大陸西部引進新奇植物。這位被公司老闆費區相中的幸運人士，便是年僅二十一歲剛以一篇針葉樹論文得到英國邱園虎克獎的威爾森。

● 穗花杉屬植物帶有肉質假種皮的果實與一般針葉樹的毬果大不相同。
圖為雲南穗花杉　攝影：游旨价

## ❖生長在平地來自南半球的針葉樹◆

一般人常說的針葉樹，在中文裡通常是用來指稱松、杉與柏等具有針狀葉或狹長葉形的裸子植物（在分類學上分屬松科與柏科）。由於臺灣島天然的針葉樹林通常都在高山上，所以常常會予人一種錯覺，好像針葉樹只有高山上才有。事實上針葉樹能分布的海拔十分廣泛，在平地或淺山丘陵也都可以看到一些適應亞熱帶氣候的針葉樹，譬如校園裡或是高級住宅中常見的羅漢松（*Podocarpus*）[11]，就是一類很經典的平地針葉樹。

羅漢松雖然名字裡有一個松字，但並不是松科的植物，它所屬的羅漢松科（Podocarpaceae）是一類起源於岡瓦納古陸，在南半球極具代表性的針葉樹。由於大多數的羅漢松物種都分布在南半球，因此生物地理學者對於某些在北半球也有分布的羅漢松一直特別感興趣，他們推測這些北方羅漢松之所以能夠跨越赤道，基本上還是與東半球的地質歷史有密切關係。從化石紀錄來看，羅漢松屬的植物非常古老，可以追溯至白堊紀晚期岡瓦納大陸的地質年代，彼時它曾一度是古代南極洲溫帶植物相的特徵類群，但隨著南極洲在新近紀之後的氣候劣化，當地的羅漢松也因此悉數滅絕，大部分的羅漢松便只留存在澳洲以及鄰近的島嶼群。爾後，澳洲進一步北漂，不僅推擠出了印尼群島和新幾內亞諸島，也造就了島上許多高山山脈，這些熱帶高山攔截了海洋的水氣，在淺山與山腰處創造了羅漢松喜愛的暖溼環境，羅漢松極有可能就是藉由四通八達的島嶼高山做為傳播廊道，一個島一個島地逐漸向北往亞洲擴張。學者推測在北半球分布最廣的大葉羅漢松（*P. macrophyllus*），就很有可能是經由這種跳島傳播模式來到亞洲。有趣的是，它在東亞島弧上的傳播似乎也是依據同樣的模式，一路從臺灣島、琉球群島前往日本列島南部。

臺灣原生的羅漢松屬植物除了大葉羅漢松這類分布廣泛的種類外，還有桃實百日青（*P. nakaii*）和叢花百日青（*P. fasciculus*）兩個特有種，它們在臺灣民間都是小有名氣的藥用植物。桃實百日青更在近年被發現樹皮中萃取出來的化學物質具有毒殺特定癌細胞的效果，因此聲名大噪。有趣的是，分子親緣關係的研究指出，這兩種臺灣特有的羅漢松可能分別起源自不同的祖先。其中桃實百日青和北半球分布最廣泛的大葉羅漢松關係最為親近，極有可能是原本大葉羅漢松在臺灣島的族群，因為臺灣海峽與亞洲大陸隔離後，逐漸累積了遺傳變異或是適應了臺灣在地環境後而產生的新特有種。叢花百日青也可能是經由類似的演化過程而形成的

● 11 羅漢松屬可以分成兩大亞屬，南羅漢松亞屬（*Podocarpus* subg. *Podocarpus*）特有在南半球，另外一個羅漢松亞屬（*Podocarpus* subg. *Foliolatus*）則是唯一分布到東亞、東南亞的類群，臺灣產的羅漢松植物都是屬於後者。

特有種，但由於分子親緣關係顯示叢花百日青同時與許多物種為姊妹群關係，目前尚不知道與哪一個物種最近緣，因此也就較難推論出它的生物地理起源地。如果暫時拋開國家疆界，還有一種在臺灣園藝界非常有名，僅生長在蘭嶼和呂宋島東側海岸地帶的羅漢松——蘭嶼羅漢松（*P. costalis*），它的生物地理起源也十分有趣。這群只愛生長在海邊的攀岩高手，因為地緣關係，過去很多學者都假設它和東南亞的羅漢松親緣關係較近；然而DNA的分析卻顯示蘭嶼羅漢松的姊妹物種都是分布在東亞的種類，暗示它很有可能起源於東亞，呈現了一個羅漢松屬裡極為特殊的由北向南（經由臺灣島往呂宋島）的傳播過程。

在威爾森的臺灣旅程裡，曾多次留下與羅漢松科植物遭遇的紀錄：「……在日月潭（Lake Candidius）一帶的山區，桃實百日青是十分常見的羅漢松屬植物……而在宜蘭和花蓮，竹柏亦頗為常見，雖然都是小樹……。」威爾森的文字對比羅漢松科植物現在的情況顯得有些諷刺，因為如今野生的桃實百日青早已瀕臨滅絕，是需要政府傾力保育的珍稀植物，而野生竹柏更只零星出現在郊山深處。這些平地、淺山針葉樹的消失，應該與臺灣本島淺山地區的過度開發有關。感嘆滄海桑田，曾經普遍的野生羅漢松，現在也與穗花杉一般變成了稀有植物。

## 與北美間斷分布的針葉樹

● 桃實百日青，臺灣特有的兩種羅漢松種類之一，常見於南投日月潭一帶。 攝影：謝佳倫

威爾森在臺灣北部旅行的回顧裡，曾提到臺灣島上一種珍貴的針葉樹：「華人很早便知道這種針葉樹的材質極為貴重，他們尤愛用它來做棺木的材料……。」

至今，我仍深深記得第一次到加州時，頭頂上那片彷彿永遠都湛藍高遠的藍天。二〇一五年春，為了尋找小檗研究裡的關鍵物種摩倫木（*Moranothamnus claireae*），在指導教授的鼓勵下，我獨自來到洛杉磯近郊的克萊蒙特小鎮（Claremont）拜訪南加州最重要的植物園與研究中心——聖塔安娜牧場植物園（Rancho Santa Ana Botanic Garden）。也許是因為聽到我介紹自己是登山社的成員，接待我的瓦許柏恩博士（Loraine Washburn）硬是在我緊湊的訪問裡，費心穿插了三小時的空閒，帶我到臨近的山谷走走。我跟著瓦許柏恩博士強健的步伐，在森林裡窺視著加州彷彿永不褪色的藍天，而視野盡頭開闊處，是通體嵌著白色砂晶、閃閃發光的高山，異鄉的山景讓我興奮不已。經過了幾棵參天大樹，瓦許柏恩博士彎腰拾起了大樹掉下的枝條，脫下眼鏡端詳一會兒，笑著問我知不知道是什麼植物？我接過枝條，心裡對於自己的美國植物辨識能力一點都不抱有期待，但沒想到一看見枝條上的鱗片葉[12]，儘管有些乾枯泛黃了，心中竟泛起一股熟悉的感覺。

「看這鱗片葉的排列方式，應該是肖楠之類的植物吧？」我在心裡嘀咕著。

「*Calocedrus*!?」（肖楠屬）

瓦許柏恩博士帶著訝異的表情肯定了我的答案。

後來我才知道原來北美肖楠（*C. decurrens*）並不常見，它只局限分布在加州西南一帶，是一種本地植物學者才會比較認識的針葉樹。知道真的是肖楠後，我心裡頓時對身邊這幾棵大樹湧生莫名的親切感，原來美國西南部竟也生有一種肖楠樹！然而此處環境既乾燥又曝曬，跟臺灣的肖楠樹生長的環境是如此不同，它們兩者之間親緣關係是如何？世界上還有哪些肖楠屬植物？我被這些問題攪得興奮異常，幾乎想直接回植物園的電腦桌查資料了，但瓦許柏恩博士早已在我失神之際攀上了遠處的山丘。

與肖楠這麼熟悉的原因和自己大學本科念的是森林系有關。在樹木學的考試裡，臺灣林業著名的「針葉五木[13]」是一定要會認的必考題，而臺灣肖楠正是其中之一。肖楠屬的木材有著特殊的香氣及色澤，木理通直且材質緻密，如威爾森所述，是中國大陸南方民間製棺的首選。現生肖楠屬在柏科的大家族裡，是一個

[12] 肖楠之葉呈鱗片狀，四枚合生，十字對生，扁平，雖與紅檜或臺灣扁柏相似，但其小枝甚扁平，節間明顯較長，側鱗片葉有下延狀基部。

[13] 除了肖楠之外，其餘四木是紅檜、臺灣扁柏、臺灣杉、香杉（巒大杉）。

僅由四個物種組成的小類群，在民間名氣響亮，在生物地理學裡它是一個分布形式與扁柏屬一般，東亞—北美間斷分布中經典的分類群。肖楠屬在一八七三年由專研中南半島植物誌的德國植物學者庫爾茨（Wilhelm Sulpiz Kurz）所建立，這個屬一開始並不被大多數的分類學者接受，因此當時肖楠屬的物種都被安置在一個特有在大洋洲的屬——甜柏屬（*Libocedrus*）●14內。一直要到一九五三年，肖楠屬才再次經由李惠林教授的研究於《阿諾德樹木園期刊》上重新被確認。威爾森曾提及他在臺灣北部山區見過這種奇特的針葉樹，他特別指出臺灣肖楠零星地生長在陡峭、垂直的岩壁上，生長在這種險地可能是為了與闊葉樹競爭。不過，威爾森接著意味深長地寫下，比起險惡的生育地條件，生活在華人棺木文化的陰影裡，人類對肖楠的威脅也許才是最可怕的。

在ＤＮＡ的分子證據出來之前，臺灣肖楠的特有種地位和肖楠屬一開始一樣，一波三折。長久以來，歐美的分類學者都傾向認為臺灣肖楠與中國大陸產的翠柏（*C. macrolepis*）形態相異，但在其他學者眼中，臺灣肖楠比較像是翠柏的一個變種。一直要到二〇〇九年，由臺灣學者組成的研究團隊以ＤＮＡ分析了整個肖楠屬內各物種間的親緣關係後，才揭示出臺灣肖楠與翠柏之間顯著的遺傳分化，它做為臺灣特有種應無問題。為了解釋肖楠屬地理分布格局的成因，同一批學者們也在研究中做了初步的分子定年分析。結果發現美洲肖楠與亞洲肖楠分化的年代約在中新世左右（約兩千五百萬年前左右），而臺灣肖楠與中國大陸的翠

●14 柏科裡的一個小屬，目前僅有五種，分布於紐西蘭和新喀里多尼亞。

● 大安溪谷深處的臺灣肖楠大樹，它們攀立在沒有土壤的峭壁與河岸懸岩上，
不顧處境驚險，依舊散發著蓬勃的生命力，如此迷人又令人感動。
攝影：游旨价

柏分化約在五百萬年前。從這些數據來看，肖楠屬在北半球間斷分布的成因顯然與許多溫帶植物的歷史一樣，與新近紀以來的全球氣候劣化過程有關；而臺灣肖楠更是在臺灣島大幅隆起不久後即從中國大陸傳播來臺，歷經了一定時間的地理隔離，終而演化成臺灣特有種。

在與瓦許柏恩博士繼續的健行裡，我驚訝地發現了黃杉屬（*Pseudotsuga*）植物的美麗毬果，這個松科中的異類在臺灣也有一種特有種，顯示了與肖楠屬類似的北美—東亞間斷分布形式，巧合的是，臺灣黃杉（*Pseudotsuga wilsoniana*）的種小名正巧是早田文藏將威爾森之名拉丁化後所締造的。事實上在臺灣島，除了肖楠屬、黃杉屬之外，其他針葉樹像是冷杉屬（*Abies*）、鐵杉屬（*Tsuga*）和雲杉屬（*Picea*）也都

## 臺灣其他重要特色針葉樹要覽

臺灣冷杉（*Abies kawakamii*）：最初由早田文藏於一九〇八年鑑定為日本大白時冷杉的變種，隔年由伊藤篤太郎發表為新種，大白時冷杉是形成日本東北地方著名的「藏王樹冰」的樹種。臺灣冷杉常見於臺灣北部及中部高山，生長於海拔兩千四百公尺至三千八百公尺的地區，常形成純林，為世界上分布最南端的冷杉之一。

臺灣二葉松：一開始為早田文藏所發表的特有種，本種與大名鼎鼎的黃山松（*Pinus hwangshanensis*）及著名景觀植物琉球松（*P. luchuensis*）為近緣種。然近年來，中國植物學家傾向認為這三者都是同一種，因為琉球松發表最早，根據命名法規優先權的規則加以保留，而臺灣二葉松和黃山松則改為琉球松的變種。本種在中央山脈七百五十公尺至三千兩百公尺均可見大面積純林，由於生長快速，也是臺灣造林的主要樹種之一。

具有類似的間斷分布，只是由於這些屬種類繁多，在北半球的分布也比較廣泛，因此屬內各物種間的分子親緣關係研究仍在持續進行中，而它們在臺灣島上特有現象的起源也仍等待著解答。

## 迷人的臺灣針葉樹

「福爾摩沙真是名符其實的東方之珠，她最美麗的，是生機蓬勃的樟櫧森林，以及生長在崎嶇陡峭高山上的巨大檜木與挺拔的臺灣杉。」

——威爾森

臺灣杉在國際植物學界的橫空出世，象徵著臺灣植物學研究的種子一舉穿破了黑暗的土壤，迎來茁壯成樹的陽光。當早田文藏為首的一代日本植物學者在二十世紀初，將臺灣植物

## ❖ 裸子植物與針葉樹（松柏類）❖

許多人常會混淆裸子植物（gymnospermae）與針葉樹（conifers）之間的分際與關聯。事實上，裸子植物是一個大家族，包含了許多不同類群的植物，而針葉樹只是其中最有名且最容易接觸的一種。在植物世界裡，「裸子」與「被子」共同組成了種子植物，這是一個相對於蕨類等不產生種子的植物的集合名詞。裸子，意即種子裸露，嚴格一點來說是指胚珠裸露不受子房保護的狀態。裸子植物會開花、結果，只是花果的樣貌（以毬花和毬果為主要形式）和被子植物差異很大，因此常常會讓人無法與常識中的植物花果連結在一起。除了針葉樹之外，常見的裸子植物還有像是蘇鐵和銀杏等庭園或校園植物。

在植物演化的過程裡，裸子植物早於被子植物先出現在地球上，因此它與被子植物之間的差異除了在胚珠的保護外，內部的生理構造上也有所差異。其中一個最為顯著的特徵就是幾乎所有裸子植物的木質部都僅具有假導管，不像被子植物具有水分傳導效率較好的篩管與伴細胞。儘管如此，在被子植物多樣性大幅增加之前，裸子植物曾經也是地表上最昌盛的植物類群。相較可能起源於新生代中期的被子植物，裸子植物的年齡更為古老，最早可以追溯回二億六千五百萬至三億二千萬年前的古生代石炭紀與二疊紀，爾後歷經恐龍稱霸的中生代（Mesozoic Era）以及哺乳動物支配的新生代（Cenozoic Era），在漫長的時空過程中，經歷了多次滅絕與新生。現生全球的裸子植物僅剩下大約一千種，其中有不少種類誕生自古近紀，走過了第四紀冰河時期的大滅絕而存留下來。

另一方面，所謂的針葉樹也是指裸子植物中松柏門（Pinophyta）裡的種類（或稱松柏類）。現生松柏門在裸子植物裡是最多樣化的類群，在分類學界定上約有八科、七十屬、近七百個物種，它們包含了松、杉、柏等耳熟能詳的名字。雖然名為針葉樹，但並非所有的物種都具有真正的針葉，像是柏科的紅檜與扁柏就是鱗片葉。

相以科學報導的方式呈現於世，來自西方的威爾森更從中看見了臺灣，他是這顆綠色明珠的伯樂。如今我們站在巨人的肩膀，對於臺灣高山上這些美麗針葉樹的演化旅史，是否又有了更寬廣的視野？

經由一趟趟的山旅觀察，我自己亦是十分欽佩和喜愛針葉樹。曾在大安溪谷的深處見過一片臺灣肖楠，它們的大樹攀立在沒有土壤的峭壁與河岸懸岩上，不顧處境驚險，散發著蓬勃的生命力，如此迷人又令人感動。我不知曉它們確切的年歲，但從它們巨大的身形推測，想必都已有百年以上的歲數。當谷風吹過它們翠綠的枝椏，發出如濤的輕柔沙響，就像是肖楠大樹在呢喃自語，無法解讀卻令

● 中央山脈深處難得一見的臺灣雲杉純林　攝影：游旨价

人心靈為之顫動。不論在何時何處，針葉樹堅韌的生命意象都為許多人帶來了通往自然的靈性啟迪，為杉木、松柏而寫的詩文跨越文明，傳承在不同時代的人們心中。臺灣島是如此特別，針葉樹六大科中僅有日本金松科（Sciadopityaceae）[15]和南半球特有的南洋杉科（Araucariaceae）不見於島上，形態各異的特有針葉樹種反映了島嶼年輕的自然歷史，誰說年輕的島嶼沒有古老的特有植物呢，來自遠古的臺灣杉早已在你我來到臺灣之前繁衍了百萬年。

15 日本金松科是一種古老孑遺植物，化石在兩億三千萬年前就已經存在，現存僅有一種在日本與南韓濟州島，其他幾乎都沒有和它親緣關係非常相近的植物。

## 參考文獻


Chen, C.-H., Huang, J.-P., Tsai, C.-C., Chaw, S.-H. (2009) Phylogeny of *Calocedrus* (Cupressaceae), an eastern Asian and western North American disjunct gymnosperm genus, inferred from nuclear ribosomal nrITS sequences. *Botanical Studies* 50: 425-433.

Gao, L.-M., Tan, S. L., Zhang, G.-L., Thomas, P. (2019) A new species of *Amentotaxus* (Taxaceae) from China, Vietnam, and Laos. *PhytoKeys* 130: 25-32.

Ge, X.-J., Hung, K.-H., Ko, Y.-A., Hsu, T.-W., Gong, X., Chiang, T.-Y., Chiang, Y.-C. (2015) Genetic divergence and biogeographical patterns in *Amentotaxus argotaenia* species complex. *Plant Molecular Biology Reporter* 33(2): 264-280.

Hayata, B. (1906) On *Taiwania*, a new genus of coniferæ from the island of Formosa. *Botanical Journal of the Linnean Society* 37(260): 330–331.

Howard, R. A. (1980) E.H. Wilson as a botanist [part II]. *Arnoldia* 40(4): 154-193.

Lepage, B. A. (2009) Earliest occurrence of *Taiwania* (Cupressaceae) from the early Cretaceous of Alaska: evolution, biogeography, and paleoecology. *Proceedings of the Academy of Natural Sciences of Philadelphia* 158(1):129-158.

Li, H.-L. (1952) The genus *Amentotaxus*. *Journal of the Arnold Arboretum* 33(2): 192-198.

Li, Y.-S., Chang, C.-T., Wang, C.-N., Thomas, P., Chung, J.-D., Hwang, S.-Y. (2019) The contribution of neutral and environmentally dependent processes in driving population and lineage divergence in *Taiwania* (*Taiwania cryptomerioides*). *Frontiers in Plant Science*.

Qu, X.-J. (2019) Chloroplast phylogenomics of *Calocedrus* (Cupressaceae). *Journal Mitochondrial DNA Part B Resources* 4: 1435-1436.

Quiroga, M. P., Mathiasen, P., Iglesias, A., Mill, R. R., Premoli, A. C. (2015) Molecular and fossil evidence disentangle the biogeographical history of *Podocarpus*, a key genus in plant geography. *Journal of Biogeography* 43(2): 372-383.

Salvaña, F. R. P., Gruezo, W. S., Hadsall, A. S. (2018) Recent taxonomic notes and new distribution localities of *Podocarpus* Pers. species in the Philippines. Sibbaldia: *The Journal Of Botanic Garden Horticulture* 16: 99-120.

Wilson, E. H. (1922) A phytogeographical sketch of the ligneous flora of Formosa. *Journal of the Arnold Arboretum* 2: 25-41.

Wilson, E. H. (1930) The island of Formosa and its flora. *New Flora and Silva* 2: 92-103.

吳永華，《早田文藏：臺灣植物大命名時代》（臺北：國立臺灣大學出版中心，二〇一六）。

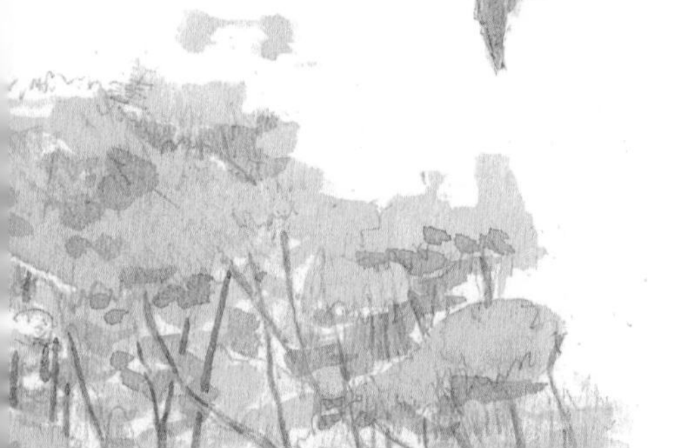

6

# 臺灣山林中的和風角落

## 日本起源的臺灣植物

繪圖：黃瀚嶢

「高山的盛夏已逝，陽光不再熾人。從群草中探出身子的，是帶著微笑的塔山澤蘭、瞿麥與玉山沙參，它們綻放著淺色的花朵，株株浸潤在初秋的陽光裡，不禁令我憶起了日本家鄉的秋景……」

——鹿野忠雄，〈卓社大山攀登行〉，一九二八年

## ❖科研路上的思鄉角

一個世紀前，年少的鹿野忠雄在泰雅與布農嚮導的協助下，一次又一次地攀上臺灣島的屋脊，在孤寒的高山地帶辛勤踏查，探索自然萬象。儘管鹿野忠雄滿腔熱血，但變動難測的山旅計畫以及探勘活動所帶來的緊張疲憊，不時令他陷入低迷的情緒。隨著思鄉的念頭益發濃烈，臺灣的山野卻以一種奇特的方式撫慰了他心頭的波瀾，視野中盛開在亞熱帶高山上的溫帶花草，宛如時空錯置，將鹿野悄悄送回了記憶中的東京家園。不只是鹿野，高山上的溫帶植物也成了那些長年駐守在深山的日本警察傾訴鄉愁的對象。年輕時受學長鹿野忠雄的影響而愛上臺灣山林的國分直一[1]，一九三三年從京都大學畢業後，曾來到臺灣，勇闖當時才開通不久的關山越嶺道。他在前往大關山的途中邂逅了美麗的紅葉樹，隨行的警官告訴他，眼前搖曳的楓樹之紅，是許多同仁對日本家鄉的寄託。[2]

[1] 國分直一（1908-2005），日籍人類學、歷史學者，有全方位的民族考古學者的稱號，戰後曾在臺灣大學歷史系任教。因年少時曾受鹿野忠雄事蹟的影響，對臺灣山岳與原住民文化著迷，與鹿野同為臺北高校的學生。

[2] 取材自國分直一於1936年刊於《臺灣時報》的〈關山越的山路〉一文。

[3] 華萊士（Alfred R. Wallace, 1823-1913），英國博物學者，與達爾文各自構思出了自然選擇的假說，在1858年與達爾文共同將該理論發表於學界。1854年起八年的時間，他都待在馬來群島做田野調查，徜徉在馬來群島獨特豐富的生物相與自然歷史裡。除了自然選擇理論之外，他最重要的成就是發現了華萊士線——現在生物地理學中區分東方區和澳大利亞區的分界線。

那些令人想起家鄉的植物啊，鹿野忠雄與國分直一的回憶看似只是旅程中的一段偶然，卻是十九世紀許多來到亞洲的博物學者之間共享的必然。他們許多人在熱帶的異邦承受著離鄉背井打拚的辛勞，卻總不期然地在高山上被勾起鄉愁，從熟悉的高山植物身影裡見到縈繞夢中的北方家園。其中，演化論的作者之一華萊士（Alfred R. Wallace）[3]在其名作《島嶼生命》（*Island Life*）中便曾提到，在攀登爪哇島的格德（Gede）[4]火山時，在高海拔的雲霧森林裡驚喜地發現一干與家鄉種類相似的溫帶花草：「……在火山之巔，忍冬和金絲桃蔓生林下，而木賊、毛茛、當藥、懸鉤子，甚至是報春花等溫帶植物也隨處可見，有些物種，像是歐洲艾草（*Artemisia vulgaris*）我認為甚至可能與歐陸產的是同一種……。」

對當年這些遠渡重洋，深入全球熱帶地區探索的博物學者們來說，高山上的自然世界是一個奇怪卻充滿驚喜的存在，雲海上的無人之境，不僅是啟發他們科研新思維的天堂，也是他們學思歷程上的一處思鄉角。然而和其他低緯度高山的博物學歷史相比，臺灣的高山一直要等到二十世紀初日本的博物學者到來後，才有了被詳細檢視的機會。

一九〇八年，早田文藏靠著研究川上瀧彌與森丑之助等人的標本，出版了臺灣第一本高山植物專論《臺灣高山地帶植物誌》（*Flora Montana Formosae*）[5]，書中他羅列了臺灣島高山原生的植物兩千一百九十九種，並首度統計它們與鄰近地區物種間的相同程度，算是臺灣高山生物地理學研究的濫觴。在他的計算裡，臺灣的

●4 格德（Gede）是位於西爪哇島上的一座複式火山，與龐朗奧（Pangrango）山組成火山的雙峰。Gede在巽他語（Sandanese）中意為巨大。

●5 早田文藏將臺灣植物依照海拔分布，分為低地帶、低山帶、中山帶以及高山帶四個區塊。當時，早田認為臺灣低地帶植物和中國大陸、琉球群島相當類似，特有種並不多，因此認為低山帶以上的區塊才值得研究，故其研究主要以中山帶到高山帶植物為主。早田文藏研究臺灣植物的視角並不局限於臺灣，他放眼世界，以更廣泛的範圍瞭解臺灣的植物相。例如，在瞭解臺灣低地帶和低山帶植物後，他進一步與中國、中南半島和馬來西亞的山地比較，高山帶則與喜馬拉雅山、中國大陸的西南山地與青藏高原等植物做比較，探索臺灣植物與其他區域的異同。

高山植物除了特有種之外，其餘都是與其他地區共享的物種。依據共享程度的高低，依序為中國大陸華中、華南地區（四九％）；日本列島（四二％）；喜馬拉雅山（二六％）以及馬來群島（二五％）。[6]多地區來源的結果首次揭示了臺灣高山原來是東亞各地高山植物的匯聚之所。雖說是後見之明，但這樣的結果從地理位置來看也許並不令人意外。綜觀整個東亞島弧[7]，諸島因活躍的造山運動使得高山林立，孕育了一系列獨特的高山生態系（Mountain ecosystem），它們自極北的千島群島一路向南延伸到馬來群島，而臺灣島的高山正位於其中的地理中樞，自然成為南北高山植物傳播路徑上的重要驛站。讓人意外的一點是，早田文藏的分析顯現出臺灣高山與日本列島溫帶植物間的獨特連結。雖然當時的日本學者早就對一些原本是日本特有的珍稀植物，譬如說日本扁柏[8]和昆欄樹在臺灣島的出現感到吃驚，但由於和大陸華中、華南地區相比，日本列島距離臺灣較遠，且兩地之間存有一片寬闊的海洋，使得當時學者普遍認為，就算臺灣存有幾種原本屬於日本特有種的物種，兩島之間植物相的相似度不可能太高。然而早田文藏的這份數據卻迫使許多人，甚至是他自己，重新思考了臺灣與日本植物相之間連結的可能性，最後他推測，在冰河時期，臺灣島與日本列島間也許曾有陸橋連結過，使兩地植物得以交流。

6 在早田的數據裡，四個主要生物地理起源地的比例相加不是百分之百的原因，是因為許多植物的分布範圍不只局限在其中一個地理區內。

7 東亞島弧即指東亞大陸架與太平洋西部海溝之間的島弧，包括千島群島、日本群島、琉球群島、臺灣及其附近小島、菲律賓群島等。東亞島弧的形成，是以東亞褶皺山系的出現為標誌。

8 臺灣扁柏在報導之初被認為與日本扁柏極為相似，因此是否要做為日本扁柏的臺灣變種或臺灣特有種，分類地位總有爭議。

## ❖琉球群島——連結日本列島與臺灣島的橋梁——❖

早田文藏想像中的陸橋，在許多研究東亞植物地理學的人們心裡，最有可能是如今的琉球群島。這串在東海上的細長島鏈，位於日本九州島與臺灣島之間，南北橫跨將近一千三百公里，包含了北、中、南三大島嶼群。[9]雖然島嶼總面積不大，卻擁有相當豐富的原生植物相，將近兩千三百種植物以它為家。

根據動植物的化石紀錄，古琉球群島似乎從新近紀更新世起就曾多次做為日本列島與臺灣島間生物傳播的廊道。雖然琉球群島如今被茫茫大海所包覆，但是在冰河時代，東海的海平面其實常因氣候動盪時有變遷，當海平面一旦下降超過一百多米時，地勢較高的古琉球群島便會轉化為一條綿長的海上青山，成為某些日本溫帶生物可以使用的傳播橋梁。有些研究甚至認為，在末次冰河極盛期時，東海有可能大面積退卻，使得整片歐亞大陸大陸棚都出露成為新生的土地；古琉球群島連同出露的大陸棚，因此可能被鄰近地區的溫帶生物做為逃離北方嚴寒氣候的冰河避難所。爾後，隨著末次冰河期結束，全球氣候逐漸回暖，如今的琉球群島因為不若臺灣有高山存在，整體植被變成以亞熱帶常綠森林以及海岸岩生植被為主。曾經在古琉球群島繁盛過的溫帶植物相，不論是以琉球群島做為避難所還是傳播廊道的，如今基本上都已經消失。

不過值得注意的是，在琉球群島奄美大島與西表島的深山裡，仍孑遺分布著

●9 琉球群島主要可分成北、中、南琉球，北琉球包含了大隅群島、吐噶喇群島、奄美群島（以上合稱薩南群島）；而中琉球則是沖繩群島；南琉球包含先島群島（宮古群島和八重山群島）、大東群島。整個群島的北端為大隅群島，距離九州僅七十多公里，而最南端則是先島群島中的與那國島，距離臺灣本島約一百一十一公里。

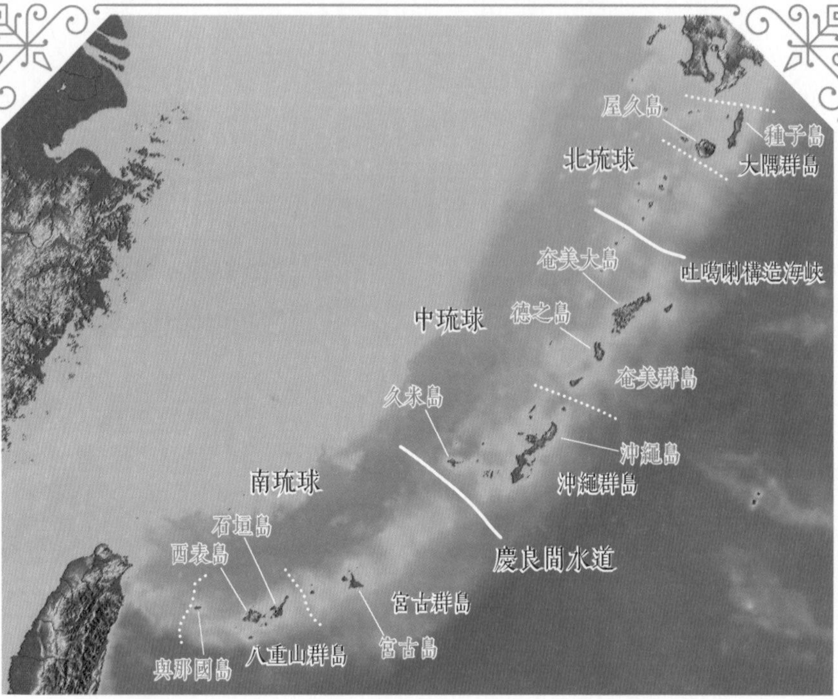

● 琉球群島位於日本九州島與臺灣島之間，南北橫跨將近一千三百公里，包含了北、中、南三大島嶼群（廣義的琉球群島也將大隅群島納入）。雖然島嶼總面積不大，卻擁有相當豐富的原生植物相，將近兩千三百種植物以它為家。 ©Wikimedia commons

一些數量稀少的溫帶植物，它們和臺灣的高山植物之間存在著有趣的生物地理連結，是檢測早田文藏陸橋假說的絕佳研究材料。這群溫帶植物在琉球群島屬於濱水帶植相（Riparian flora）的一員，濱水一詞顧名思義就是只出現在山裡的溪畔與瀑布邊。為什麼琉球群島的溫帶植物會出現這樣的情況呢？研究者推測這可能與它們和原生地占生長優勢的亞熱帶植物之間的競爭有關。琉球群島雖然平均海拔不到五百公尺，但是由於東側有黑潮暖流經過，較高的海溫使得部分山區容易起霧，尤其是山裡的溪谷。而溫帶植物之所以能在琉球群島上找到一個生存的角落，正是因為這些霧的存在！恆常的多霧環境不僅能降低日均溫，當霧和溪流或瀑布等溫度較低的水岸

● 昆欄樹，冰河孑遺植物，目前僅見於日本列島南部與臺灣，在臺灣有不少族群。
攝影：謝佳倫

環境交互作用後，便能創造出極為溼涼，適合溫帶植物生存的棲息地。這種又涼又高溼度的環境，並非多數亞熱帶植物都能適應，使得溫帶植物因此獲得了競爭優勢。

昆欄樹（*Trochodendron aralioides*）是原生於臺灣高山雲霧林裡的一種美麗闊葉樹[10]，它正是連結臺灣高山和琉球群島濱水溫帶植相最經典的一個物種。在臺灣，昆欄樹並不是一種難以親近的植物，甚至北部因為植群北降現象[11]，在陽明山主峰七星山一帶便可觀察到昆欄樹的天然森林。但是對一個世紀前訪臺的日本博物學者而言，臺灣山林裡大量野生的昆欄樹令他們感到十分吃驚，在他們的認知裡，昆欄樹應該是一種只出現在日本列島

● 10 昆欄樹生長於全島中海拔山區之森林中，是典型的雲霧盛行帶指標物種，尤以海拔兩千至三千公尺間最為常見。

● 11「北降現象」是植群的垂直分布形式因緯度升高，而逐漸降至低海拔的現象。在臺灣，植群研究學者發現，在茎濃溪、大武山以北的區域，山脈上的植被分布範圍因緯度和東北季風的影響，呈現出明顯的北降現象。

南方（四國、九州與琉球群島）的特有珍稀植物。[12] 藉由DNA的分析，研究人員進一步揭露了臺灣、琉球群島與日本列島三地之間昆欄樹族群的傳播歷史。從葉綠體DNA的遺傳多樣性來看，臺灣北部山區的昆欄樹因為擁有最高的遺傳多樣性，因此臺灣島最有可能是原生昆欄樹在冰河時期的避難所。而琉球群島的昆欄樹族群因為遺傳多樣性低，且和臺灣某些昆欄樹的族群共享相同的葉綠體DNA遺傳組成，因此被認為是從臺灣島近期傳播過去的。最後，日本列島的昆欄樹族群和臺灣與琉球群島的族群，在葉綠體遺傳組成上有不小的差異，所以無法從遺傳上確定兩者之間誰是誰的起源地。由於昆欄樹的化石在日本列島的分布比現在還要廣，因此日本列島的昆欄樹似乎比較有可能是當地原本廣泛分布的昆欄樹族群裡的孑遺後代，才會和臺灣與琉球群島的族群在遺傳上如此不同。

在昆欄樹的案例裡，琉球群島顯然並不是臺灣與日本列島兩地之間傳播的橋梁。然而，一種特產在臺灣中北部雲霧林裡的山花——森氏黃連（*Coptis morii*）在最近的DNA分析裡，被研究人員發現與琉球群島與屋久島的水濱溫帶植相有關，還可能是支持早田文藏陸橋假說的案例。森氏黃連對溫度極為敏感，算是臺灣山林最早盛開的一種報春花卉，每到初春，東北季風的勢力甫一減弱，它便急急忙忙抽出花芽，在潮溼的山壁或苔岩上醞釀著雲霧林裡的第一道色彩。雖然黃連屬是毛茛科裡一個只有十五個物種的小屬，但在華人世界裡卻是無人不曉的藥草。中藥材裡著名的「黃連」，就是用黃連屬植物的根所製成，具有消炎解熱以

● 12 昆欄樹的珍稀之處在於它是東亞特有孑遺科昆欄樹科的一員。在化石紀錄裡，昆欄樹科曾經廣布整個北半球，包含了許多已經滅絕的屬，如今只剩下兩個單種屬孑遺在東亞：昆欄樹屬和水青樹屬，前者分布在臺灣與日本列島，而後者則分布在中國大陸西南山區。

● **對頁**｜在亞熱帶的屋久島、琉球群島、奄美大島與西表島的深山裡，
仍孑遺分布著一些數量稀少的溫帶植物，
它們主要屬於濱水帶植相（Riparian flora）的成員。
屋久島濱水植相　攝影：游旨价

● 黃連屬是東亞—北美間斷分布的毛茛科植物，在臺灣東北部的雲霧林底層可見，早春開花。
森氏黃連　攝影：呂碧鳳

及抗菌與降血糖等特殊的功效。

黃連屬（*Coptis*）是植物東亞—北美間斷分布的經典案例之一，雖然屬裡多數物種分布在東亞和北美洲中、高緯度的溫帶地區，但在中國大陸橫斷山區亦有不少種類。基於臺灣高山與中國大陸西南山地在植物相上的親近，許多人常常直覺認為臺灣的森氏黃連應該與中國大陸的黃連最為親近。然而DNA分析卻指出，森氏黃連和日本的五葉黃連（*C. quinquefolia*）才是姊妹物種。五葉黃連主要分布在本州南部、四國與屋久島，在這些地區它與昆欄樹一樣喜歡生長在涼爽的林下濱水環境。有趣的是，從親緣關係來看，森氏黃連和五葉黃連這對姊妹種的近緣物種也都是日本列島原生的黃連物種，研究人員據此推測森氏黃連和五葉黃連的共同祖先應該最有可能起源於日本列島，呈現了和昆欄樹不一樣的故事。在進一步的分子鐘分析裡，研究人員發現森氏黃連大概在一百三十四萬年前更新世時和五葉黃連分家，彼時東海海平面有可能因冰河期的緣故而下降，使得古琉球陸橋浮現，一如早田文藏所推測的，在森氏黃連的傳播和演化上扮演了重要角色。

森氏黃連的生物地理歷史顯然可以被拿來當作早田文藏陸橋假說的證據，但是昆欄樹的例子卻顯示了臺灣島和日本列島間的植物相似性可以有陸橋之外的解釋。若從現在生物地理學的研究成果來看，臺灣高山與日本列島如果有很多共有的植物種類是一件頗為奇特的事。就像早田文藏最初的困惑，日本列島與臺灣既然沒有地緣之便，那為什麼臺灣高山上還是有近四成的高山植物也出現在日本列島呢。基於日本列島非特有的植物種類也和中國大陸有最多相同種的事實，臺日兩島間高山植物的高度相似性極有可能是因為早田文藏沒有將**同時在日本列島和中國大陸都有分布**的種類排除的結果。如果只計算臺灣和日本列島共有，但不出現在中國大陸的種類的話，相信這個新的相似度比例將會降低許多。[13]

## ❖東亞孑遺植物的根據地——中國日本植物亞區——◆

雖然早田文藏的數據如今已經無法做為臺灣與日本列島植物之間緊密關聯的佐證，但卻也引發了另一個疑問：為什麼會有那麼多的高山植物同時分布在臺灣、日本列島和中國大陸呢？這個問題的答案可能得從日本列島與中國大陸之間植物相的連結探索起。

日本列島跟臺灣一樣，是一座植物多樣性之島，狹長且分散的國土上生長

[13] 在筆者自行比對臺灣、中國大陸與日本植物誌後發現，只分布在臺灣高山與日本列島的溫帶種子植物占臺灣高山植物相的比例非常低，約不到百分之一。若將分布於兩地間近緣種也納入考量的話，也只有不到百分之二的比例。

著近五千種植物，其中約兩千種是特有種。若從植物本身的生理特性來看，日本植物相可以從空間尺度上切分為三個區塊，分別是位於較低緯度，以熱帶與亞熱帶植物相為主的南部島嶼群（包含九州、琉球群島、小笠原群島）；緯度較高，做為溫帶植物大本營的本州、四國、北海道；以及跨越緯度出現在國土各處的高寒植物（alpine plant）。在這三大植物類群中，又以溫帶植物與高寒植物的多樣性最高。事實上，在東亞島弧諸島間，日本列島整體植物相的特色之一就是孕育了豐富的溫帶植物，以及其中所包含的許多珍稀孑遺物種。日本列島是一個古避難所[14]，包含了許多曾經在歐亞大陸廣泛分布卻因冰河期在大陸滅絕的植物類群。它也是一個機會之地，來自高緯度帶的極圈植物相在冰河期自北方南下深入到北海道以及日本列島，特化成現今日本特有的高寒植物。

雖然日本列島的植物科學研究在東亞算是開展得甚早，但是關於這三大類植物的起源至今仍充滿謎團。這不僅是因為物種繁多所造成的採樣困難，也是因為日本列島悠長的地質歷史。和臺灣相比，日本列島十分古老，它在五億年前經板塊運動形成後，在約兩千萬年前開始逐漸與歐亞大陸分離，期間各類植物遷進遷出，在島嶼上滅絕與特化，譜寫出一部複雜的演化與交流歷史。由於地緣關係，日本列島植物相的起源與中國大陸的植物密不可分。其中，又以一群分布在中國大陸華東、華南地區的植物譜系，對於日本列島的溫帶植物相形成至為重要。在植物區系的研究裡，它是東亞植物區系裡的一個亞區，中國—日本植物亞區

14 在生物學上，所謂的生物避難所（Biorefugia），就是指物種們在周遭環境都無法存活，僅能生存於少數可以安居樂業的最後避風港。而如果這樣的避難所自遙遠的從前就已經存在，只是周遭滄海桑田，剩下此處適合原本物種，就被稱作「古避難所（Paleorefugia）」。

15 值得注意的是，植被（vegetation）劃分和植物區系劃分是不一樣的，植被劃分依據的是一群植物整體的外觀、數量和結構；而植物區系則涉及植物間的親緣關係、演化歷史，不只是單純考慮一群植物的外在特色。

（Sino-Japanese floristic region）。北起西伯利亞、西以雲貴高原為界，在東亞島弧則包含了日本列島與臺灣島的大部分地區。從大量的親緣關係分析結果來看，這個亞區分布範圍內的溫帶或高山植物，幾乎都有較近的親緣關係，而且也有比較相似的生態棲位，暗示著它們可能曾經共同經歷過類似的宏觀演化歷史。

所謂的植物區系（Floristic region），簡單來說就是以植物的演化歷史所界定出來的地理單元。植物區系的重要性在於，它可以解析某一區域中植物與環境間依存關係的原因，也能呈現出區系當中各元素的演化是如何受宰於地球歷史發展的過程。生物地理學者劃分植物區系的目的，在於藉由比較各個不同植物區系形成的過程，從自然歷史的角度來為全球植物資源的利用或保育提供科學的依據。[15]已故生物地理學者塔赫塔江（Armen Takhtajan）[16]曾明確指出，植物區系的劃分基本上是建立在系統分類學和生物地理學的知識上，而在做劃分時，首先應考慮的是各植物分類群間的親緣關係，然後是分布格局，因為前者是將各植物分類群連結在一起的基礎，而後者則反映了它們對現在與過去生存環境的適應。探索親緣關係相近的植物類群的分布，就是探索一地植物演化歷史的第一步。

中國—日本植物亞區的界定很早就引起生物地理學者的關注，它最大的特色是具有許多東亞特有的科與屬，尤其在特有科的表現上特別突出，至今已有將近二十個特有科被報導。[17]這個數據其實十分驚人，因為在全球現有的植物區系中，鮮少有一個植物區系能包含超過五個特有科。有趣的是，當我們進一步檢

● 16 塔赫塔江（Armen Takhtajan,1910-2009），前蘇聯亞美尼亞裔著名的生物地理學家。他曾對全球植物區系進行劃分，其結果至今仍多為學界所使用。

● 17 包括白根葵科（Glaucidiaceae）、星葉草科（Circaeasteraceae）、銀杏科（Gingkoaceae）、昆欄樹科（Trochodendraceae）、連香樹科（Cercidiphyllaceae）、領春木科（Eupteleaceae）、杜仲科（Eucommiaceae）、馬尾樹科（Rhoipteleaceae）、旌節花科（Stachyuraceae）、鍾萼木科（Bretschneideraceae）、珙桐科（Davidiaceae）、鞘柄木科（Toricelliaceae）、十齒花科（Dipentodontaceae）、金松科（Sciadopityaceae）等。

● 18 相對於古特有性一詞的是所謂新特有性（Neoendemism），指某類生物的特有性是經由近期快速演化出來的結果。像是植物經由多倍體化或是雜交，可以在短時間內產生新的物種，由於該物種僅出現於演化的地點，雖然也許有擴張的潛力，但仍尚未向外擴散，因而維持著特有的狀態，便可稱作新特有性。

# 東亞植物區系之下的三大亞區

● 東亞植物區系包括青藏高原植物亞區、橫斷山－東喜馬拉雅植物亞區，以及中國－日本植物亞區。其中中國－日本植物亞區北起西伯利亞、西以中國雲貴高原為界，在東亞島弧則包含了日本列島與臺灣島的大部分地區。這個亞區分布範圍內的溫帶或高山植物，可能共同歷經過類似的宏觀演化歷史。

繪製：游旨价、黃瀚嶢

視這些奇特的東亞特有科，尤其是木本植物，會發現雖然它們的現生都只包含了極少的物種，卻在北半球的地層中擁有豐富的化石紀錄。因此，許多學者認為中國—日本植物亞區具有十分明顯的古特有性（Paleoendemism）[18]，或可以稱作「孑遺性」，也就是這些特有科的產生大都是因為分布範圍的縮減所導致的。東亞之所以能成為這些孑遺科最後的倖存之地，可能是因為本區自白堊紀晚期起環境變遷的程度就不太劇烈，甚至在第四紀（Quaternary）時也未發生過大型冰河覆蓋事件，為植物多樣性的積累提供了良好的條件，也保存了許多新生代甚至更古老的植物譜系。

在中國—日本植物亞區的時空背景裡，臺灣島由於地質歷史年輕，島上大多數的植物都是由鄰近地區傳播而來，而中國—日本植物亞區做為東亞溫帶植物的大本營，自然成為臺灣島上高山溫帶植物相的主要來源，也因此臺灣高山上才會有如此多和中國大陸與日本列島相同的溫帶物種。

另一方面，中國—日本植物亞區的植物也曾一度形塑了近代西方園藝社群的發展。這些溫帶孑遺植物被稱作東方的寶藏，是十九世紀歐美園藝業者追捧和蒐集的對象。在諸多探索東方植物的冒險裡，珙桐屬（*Davidia*）[19]的發現之旅算是最膾炙人口的一頁了。珙桐在中國大陸有植物界的大貓熊之稱，而在西方，珙桐又名手帕樹或鴿子樹（Chinese handkerchief; pigeon tree），是園藝界人士口中「北半球最漂亮的樹木」。珙桐樹的花擁有兩片碩大的潔白苞片，遠觀就像是飛舞的手帕

19 珙桐屬現存僅兩個種類，局限分布在中國大陸四川和湖北一帶的深山裡。

20 譚衛道本名阿芒德．大衛（Armand David, 1826-1900），法籍傳教士，大貓熊和珙桐的發現者。為了紀念他在中國大陸的博物學發現，珙桐的屬名也以他命名。

過科學儀器的測量，盡可能地將自然界各種物理與化學現象量化後，從大數據裡分析數據間的關係，並用圖表來呈現結果。以植物分布為例，洪堡並不是靠著紙上談兵來推衍植物的分布格局，而是藉由實際走訪植物的分布地，測量該地的環境參數，譬如光線、溫度、溼度、地質和雪線海拔，藉以探討各環境參數是如何影響植物的分布格局。

洪堡在中南美洲取得的學術成就，正是靠著這樣的方式，他從田野工作裡累積了大量的數據庫，然後歸納出不同的植物類群是如何在不同環境參數條件的影響下，產生了各自的分布格局。現在植物區系的概念，正是那個時代，生物地理學在洪堡式科學下的研究結晶。

在談及洪堡式科學中的植物地理學研究時，丹麥植物地理學家斯豪（Joachim Frederik Schouw）乃一位十分重要的人物，他發表的植物群全球分布圖不僅奠定其植物地理學研究史上的地位，也讓植物區系研究成為早期生物地理學的主流。

● 喬金姆·弗雷德里克·斯豪（Joachim Frederik Schouw, 1789-1852），丹麥人，十九世紀發展植物地理學與植物區系研究的重要學者之一。
©Wikimedia commons

## 生物地理學之父：洪堡

亞歷山大・洪堡（Alexander von Humboldt, 1769-1859），德國學者，對十九世紀的生物學與地理學發展有巨大貢獻。青年時曾前往南美洲旅行探險，就當地自然環境包括火山、海洋、植物、礦產、氣候、水文等各方面都進行科學研究與分析，並發現許多新物種，之後亦曾在美國和中亞進行科學考察。
©Wikimedia commons, By Joseph Karl Stieler, 1843.

生物地理學的核心在於探討生物的分布格局及其成因，而這門學科的濫觴可以追溯到兩個世紀以前亞歷山大・洪堡（Alexander von Humboldt）在中南美洲的大量田野工作。洪堡被稱為生物地理學之父，他當時的研究方法至今並未過時，反而十分具有前瞻性，仍留下許多值得學界借鑑之處。

「在這一系列因果關係中，
任何一個事實的解釋都不能只從單方面去思量。」

洪堡本人以及同時期的博物學者開創了洪堡式科學（Humboldtian），這是一種強調實驗重要性的科學思維，洪堡等人相信，萬物之間皆有連結，唯有經過廣泛的測量和實驗才能揭示出自然現象背後複雜的網狀關係，進而挖掘出各種自然現象的成因。他們的研究方法主要是通

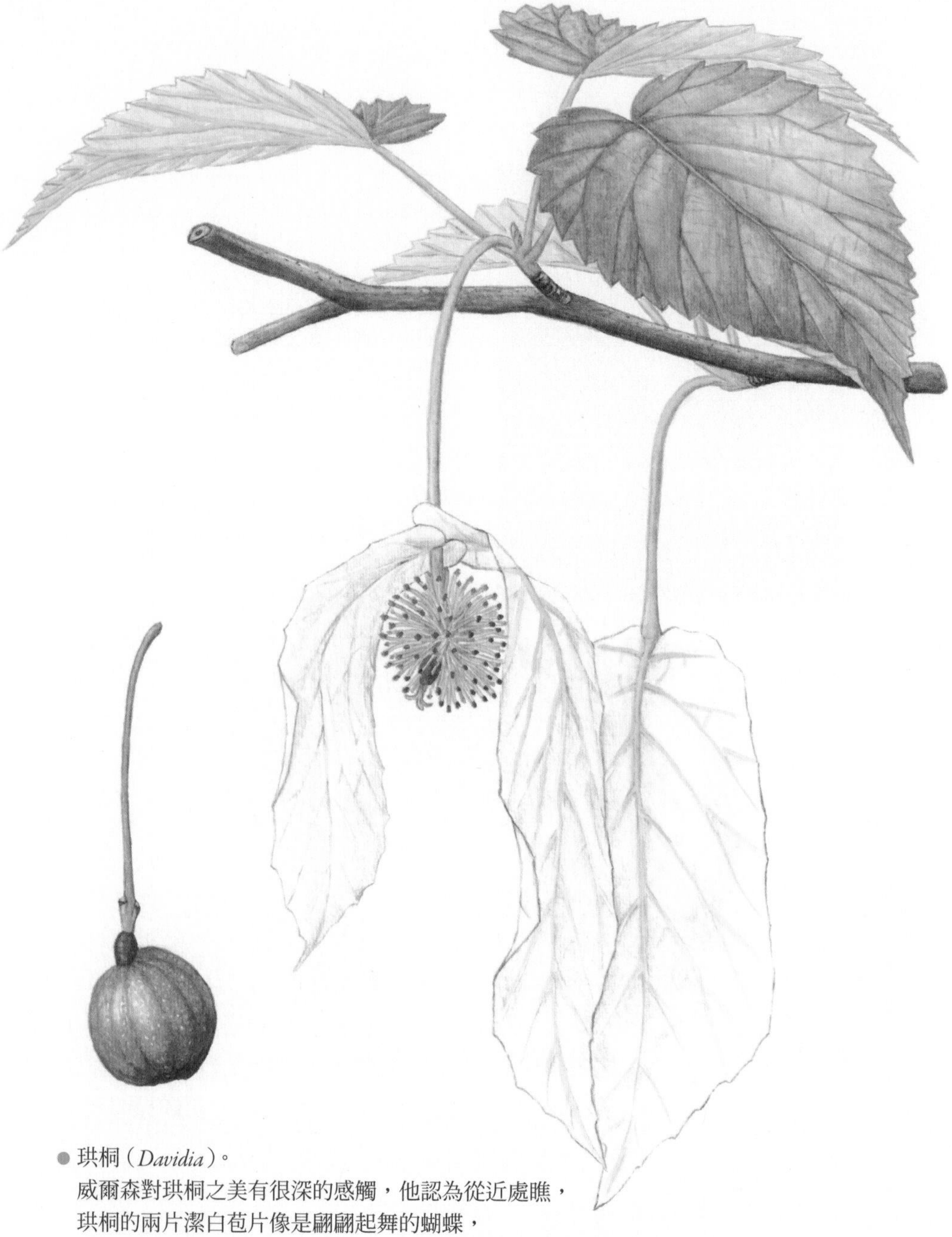

● 珙桐（*Davidia*）。

威爾森對珙桐之美有很深的感觸，他認為從近處瞧，
珙桐的兩片潔白苞片像是翩翩起舞的蝴蝶，
而在遠處望，綠影婆娑中的白花，又讓整棵樹像是被雪花妝點一般。
1902年4月，威爾森順利返回英國，珙桐成為了他行囊中最珍貴的東方寶藏。
繪圖：王錦堯

或是白鴿的雙翅，令人嘖嘖稱奇。

珙桐屬的發現頗為曲折，雖然是中國大陸的特有植物，但珙桐之美並沒有被中國傳統園林界青睞。當法國傳教士譚衛道[20]於一八六九年在四川寶興縣第一次看見它時，曾形容珙桐是「養在深閨人未識」的美麗。爾後，譚衛道將珙桐帶回歐洲，這個美麗的樹種旋即驚豔了一干歐美園藝人士，自此西方園藝界便開始積極策劃派遣人員前往中國大陸尋找珙桐的種子。最後成功完成珙桐引種這項任務的，正是傳奇的東亞植物獵人威爾森。一八九九年，威爾森在阿諾德樹木園的推薦下，接下了英國費區園藝公司的尋找珙桐任務，他於一九〇〇年抵達長江的港口城市宜昌，並以該地做為考察基地長達兩年之久。雖然威爾森手上有前輩愛爾蘭籍醫生韓爾禮[21]所提供的珙桐地理資訊，但由於該資訊並不是一個點，而是一個山域，導致威爾森的搜索行動彷彿大海撈針。鍥而不捨的威爾森，最後終於在宜昌西南部的山裡發現了一棵盛放的珙桐。威爾森對於珙桐之美有很深的感觸，他認為從不同距離欣賞珙桐的花會有不一樣的感受。從近處瞧，珙桐的兩片潔白苞片像是翩翩起舞的蝴蝶，而在遠處望，綠影婆娑中的白花，又讓整棵樹像是被雪花妝點一般。一九〇二年四月，威爾森順利返回英國，在他帶回的三百零五種植物種子裡，珙桐成了最珍貴的東方寶藏。

21 韓爾禮為奧古斯汀・亨利（Augustine Henry, 1857-1930）的中文名。他於1881年前往上海擔任大清皇家海關的助理醫官與關稅助理，1882年時被派往湖北省宜昌採集中藥植物，自此發展出對植物學的喜好。

## ❖ 孑遺 ❖

孑遺（relict）一詞在生物保育相關的文章裡十分常見，它通常用來描述某些曾在演化歷史裡，經歷過族群或分布範圍大幅衰減而殘存至今的生物。一般來說這些孑遺生物具有演化歷史久遠、族群數量少、近緣姊妹群少和分布局限等特色。在某些情況裡，孑遺生物也常和另外一個名詞「活化石」（living fossil）一起被提及。生物活化石是指某類生物從**過去到現在**都保持著相同或高度相似的外觀形態（具體來說是其現存的個體具有許多祖先的特徵）。「過去」是一個相較的時間尺度，在活化石的概念裡它通常是指宏觀演化的角度，也就是涵蓋了幾萬年到幾億年這樣漫長的時空。

孑遺的觀念經常會搭配生物分類系統作應用，其中又以孑遺「種」最為常見。「孑遺種」指某個物種的演化過程裡發生了分布範圍縮限的情況，而造成這種現象的原因大致可分為地形與氣候兩大因素。在臺灣最著名的「冰河孑遺物種」就是一種因為氣候因素產生的孑遺現象，理論上冰河孑遺生物在冰河期曾有較為廣泛的分布，但現今卻因為間冰期的緣故只能局限出現在少數地點，譬如臺灣山毛櫸和昆欄樹等植物。

## ❖臺日兩地高山植物間的神祕連結

在東亞的自然歷史脈絡裡，臺灣高山上真正只與日本列島共有的高山植物可能非常少，但是這並未抹除兩島之間生物地理連結的獨特性。就像紅檜源於日本花柏一樣，這些親緣關係密切的臺日溫帶植物，反而是現今臺灣島上獨有而東亞大陸沒有的自然資產。

二〇一五年夏，指導教授接待了一位來自九州熊本大學的研究者藤井紀行（*Noriyuki Fujii*）博士，他的研究興趣是日本高寒植物的親緣地理學。[22]記得當時對這位日本研究者的到訪異常興奮與期待，因為雖然研究室常有日本學者來訪，可是幾乎都不是研究高寒植物的，因此我對於這位老師要來臺灣找什麼高寒植物感到十分好奇。

在和藤井老師聊過之後，才知道原來他是要來找列當科馬先蒿屬（*Pedicularis*）[23]的植物。馬先蒿在臺灣又叫作蒿草，是一類廣泛分布於北半球高緯度和高海拔地區的溫帶草本植物，素以特殊多變的花冠形態而為人所知。在臺灣的高山上，馬先蒿也因為獨一無二的花朵、夢幻的紫色花冠成為植物觀察者眼中的明星物種。根據《臺灣植物誌》第二版記載，目前臺灣共有兩種馬先蒿：玉山蒿草和南湖蒿草。其中，玉山蒿草是分布最廣也最常見的種類，它曾一度被當成另一種廣泛分布在東亞和東北亞的輪葉馬先蒿（*Pedicularis verticillata*），直到藤井老師與他的

● 22 親緣地理學（Phylogeography）是近年來生物多樣性研究裡十分熱門的一個領域，它主要探討「物種內」遺傳多樣性在不同族群間的差異和結構，並試圖找出其成因。

● 23 馬先蒿屬隸屬於列當科，是北溫帶大屬之一，包括約六百餘種，其中中國大陸有三百六十餘種。

● 24 在日本列島，大部分的馬先蒿屬植物都分布在本州等緯度較高處，緯度較低的九州僅有筑紫塩釜一種，常見於溼地地區。

● 馬先蒿屬植物的多樣性中心
在中國大陸橫斷山脈，
在臺灣有兩種特有種：
玉山蒿草（上）與
南湖蒿草（下），
兩者的生物地理起源
仍有待研究。
攝影：游旨价

● 臺灣蚊子草，相較歐美的種類，它的身形雖然十分嬌小，
沒有皇后的氣勢，也不會在高山上生長成一大片，但是花朵可愛，
全株也散發著蚊子草專屬的芳香，別有一番嬌貴氣質。
攝影：呂碧鳳

學生研究之後，才重新被證實是日本九州特產的筑紫塩釜（*P. refracta* var. *refracta*）● [24] 在臺灣的姊妹類群。

可惜目前藤井老師僅能確認玉山蒿草與筑紫塩釜間的姊妹群關係，並無法確認玉山蒿草是否起源於日本九州島。這是因為跟這兩個物種最近緣的穗花馬先蒿（*P. spicata*）在日本列島和中國大陸都有分布，在沒有廣泛取樣的情況下，研究人員很難知道筑紫塩釜或玉山蒿草的共同祖先究竟是和中國大陸還是日本列島的穗花馬先蒿關係最親近，如此也就無法進一步推測這兩個物種的起源地。不過對我來說，光是知道原來臺灣的高山上居然有跟日本列島如此關係密切的植物，而且還是高顏質的明星物種馬先蒿，就已經夠讓人振奮。一直以來在我的認知裡，馬先蒿屬的多樣性中心在中國大陸青藏、喜馬拉雅山和橫斷山區，也因此以前在山上看到玉山蒿草時，都直覺它應該與中國西南高山的植物最為親近。日本老師的發現就像是一顆火星，點燃我對臺灣高山上是否還有其他與九州島高山植物有關的欲望，從目前有限的文獻裡，我又有了令人驚奇的發現，臺灣高山上可能有一種薔薇科植物，是起源自九州島！

蚊子草屬（*Filipendura*）的植物在臺灣並沒有太多人認識，它的中文名也取得有些怪異無來由，但是在西方國家，蚊子草卻是家喻戶曉的庭園和芳香植物。若是你和歐美的植物學者提到臺灣有蚊子草，相信他們第一時間應該會很詫異，因為這類香草特有在北半球的溫帶地區，在他們的理解裡，亞熱帶的臺灣應該不會出

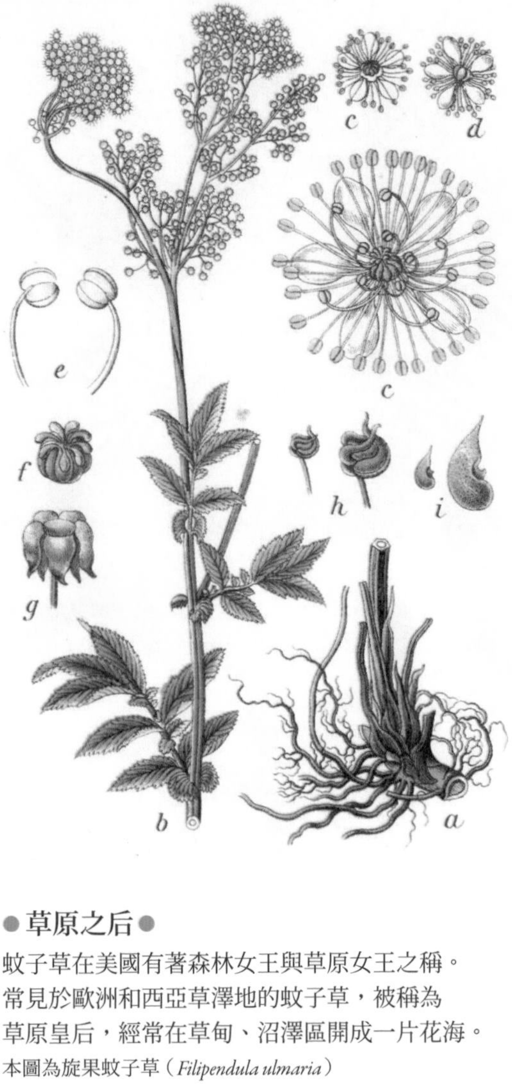


**●草原之后●**

蚊子草在美國有著森林女王與草原女王之稱。常見於歐洲和西亞草澤地的蚊子草，被稱為草原皇后，經常在草甸、沼澤區開成一片花海。

本圖為旋果蚊子草（*Filipendula ulmaria*）

©Wikimedia commons, Filipendula ulmaria (L.) Maxim. Original Caption Mädesüss. By Johann Georg Sturm (Painter: Jacob Sturm) - Figure from Deutschlands Flora in Abbildungen.

現這類植物。這類在臺灣只能在高山裡才能見到的神祕香草，是西洋傳說裡中古世紀凱爾特（the Celts）祭司用來治癒精神疾病的芳香藥草，據傳英國都鐸王朝女王伊莉莎白一世也因為迷戀蚊子草散發的美妙香氣，而在寓所大量使用做為裝飾。在美國，蚊子草是著名的庭園植物，它因為喜歡成片生長在潮溼的森林或草原，每到花季便會盛開成一整片花海，因而有「森林與大草原之后」（Queen of the forest / prairie）的美稱。臺灣的蚊子草以奇萊山為名（*F. kiraishiensis*），相較歐美的種類，它的身形雖然十分嬌小，也不會在高山上生長成一大片，但是花朵依然可愛，全株也散發著蚊子草專屬的芳香，也許沒有女王的氣勢，但仍不失做為植物貴族的氣質。

## 起源成謎的溫帶紅葉樹

每年一入秋，隨著太陽直射區由赤道轉向南回歸線，北半球的溫帶地區溫度開始下降，光線品質也逐漸改變，氣候的變化轉化了落葉樹葉片的顏色，將大地染成了或紅或黃的色彩。位處亞熱帶的臺灣若想看到美麗的溫帶景色並非不可能，但是得走入深山，去尋找山毛櫸（*Fagus*）、槭樹（*Acer*）和花楸（*Sorbus*）這些溫帶落葉樹分布的地方。一個世紀前的日本博物學者，在勘查臺灣高山時也曾見過這些植物，它們的模樣和家鄉的樹種是如此相近，使得學者們情感上自然地將它們的起源與日本列島聯想在一起。然而在東亞植物區系的大脈絡下，臺灣高山上的溫帶植物起源處不只有一種可能，它們的確有可能來自日本列島，但也有機會來自橫斷山脈。

至今，這個問題仍在解謎的路上，究其根本，是因為中國－日本植物亞區的緣故。中國－日本植物亞區由於形成年代較為古老，可以追溯到古近紀，加之涵蓋的地域廣，自然對於較晚形成的橫斷山脈或臺灣島的植物相都有影響。臺灣因為是其中最年輕的地理單元，因此除了與中國－日本亞區有關之外，也和橫斷山脈有所關聯。正是這般層層相扣的連結，才使得區別出兩者各自對臺灣植物相形成的影響如此困難。

● 曾在翠峰湖畔的山裡，臺灣山毛櫸在稜線上撐起了一樹又一樹的彩色天蓋。
攝影：謝佳倫

歷史的價值之一，在於可以溯源。任何事物一旦不知道從何而來，就會讓人彷彿芒刺在背，做什麼事情都帶著一絲困惑。對於臺灣溫帶植物的起源，我也時常有這樣的感覺。曾經在日本和朋友們一同在山形縣賞紅葉，在北海道看白樺森林，美麗的溫帶森林一到紅葉季，滿山遍野的樹葉大規模的換色，真的比盛開的花朵還要妍麗。日本是中國—日本植物亞區的核心區，溫帶植物的演化基本上也服膺於這個亞區的自然史，和遙遠又年輕的橫斷山脈間的關聯極少。也因此，當時很羨慕日本友人不用煩惱這樣的問題呢。這兩三年在橫斷山脈走得多，發現那些在臺灣有的山毛櫸、槭樹或花楸，它們的物種多樣性在橫斷山上竟也毫不遜於日本列島，因此如果像前人般，只用形態的相似性來推論親緣關係以及起源地，肯定會很難找到答案吧。

記得曾在日本紅葉季節路過東北地區的白神山地，那時儘管天候不佳，仍遠遠就能看見被山毛櫸樹海所染紅的山野。我不禁想起自己在臺灣唯一體驗過的高山紅葉季，在翠峰湖畔的山裡，臺灣山毛櫸（*Fagus hayatae*）在稜線上撐起了一樹又一樹的彩色天蓋。因為溫帶植物的連結，我也暫時忘卻了在異鄉奔波採樣的辛苦。

Chen, Y.-S., Deng, T., Zhou, Z., Sun, H. (2018) Is the East Asian flora ancient or not? *National Science Review* 5(6): 920-932.

Chiang, T.-Z., Schaal, B. A. (2006) Phytogeography of plants in Taiwan and the Ryukyu archipelago. *Taxon* 55(1): 31-41.

Chiu, C.-A., Chen, W.-C., Wang, C.-C., Chang, K.-C., Liao, M.-C., Hsu, H.-S., Tsai, C.-Y. (2017) Is it true for "northern descent" phenomenon of *Trochodendron aralioides* spatial distribution? *Quanterly Journal of Forest Research* 39(2): 85-95.

Huang, S.-F., Hwang, S.-Y., Wang, J.-C., Lin, T.-P. (2004) Phylogeography of *Trochodendron aralioides* (Trochodendraceae) in Taiwan and its adjacent areas. *Journal of Biogeography* 31(8): 1251-1259.

Morueta-Holme, N., Svenning, J. (2018) Geography of plants in the new world: Humboldt's relevance in the age of big data. *Annals of the Missouri Botanical Garden* 103(3): 315-329.

Murayama, K., Ree, R., Chung, K.-F., Yu, C.-C., Fujii, N. (2019) Taxonomical review of *Pedicularis* ser. Verticillatae (Orobanchaceae) in Taiwan. *Acta Phytotaxa Geobotanica* 70(2): 103-118.

Qiu, Y.-X., Fu, C.-X., Comes, H. P. (2011) Plant molecular phylogeography in China and adjacent regions: Tracing the genetic imprints of Quaternary climate and environmental change in the world's most diverse temperate flora. *Molecular Phylogenetics and Evolution* 59(1): 225-244.

Schanzer, I. A. (2016) Phylogenetic relationships of East Asian endemic species of *Filipendula* (Rosaceae-Rosoideae) as revealed by nrITS markers. *The Journal of Japanese Botany* 91: 250-256.

Xiang, K.-L., Erst, A. S., Xaing, X.-G., Jabbour, F., Wang, W. (2018) Biogeography of *Coptis* Salisb. (Ranunculales, Ranunculaceae, Coptidoideae), an Eastern Asian and North American genus. *BMC Evolutionary Biology* 18: 74.

黃星凡，〈臺灣植物相之歷史生物地理學〉，《國立臺灣博物館學刊》第六十四卷第三期（二〇一一），頁三三至六三。

# 7

# 穿過土壤的桎梏

## 臺灣的石灰岩植物

繪圖：黃瀚嶢

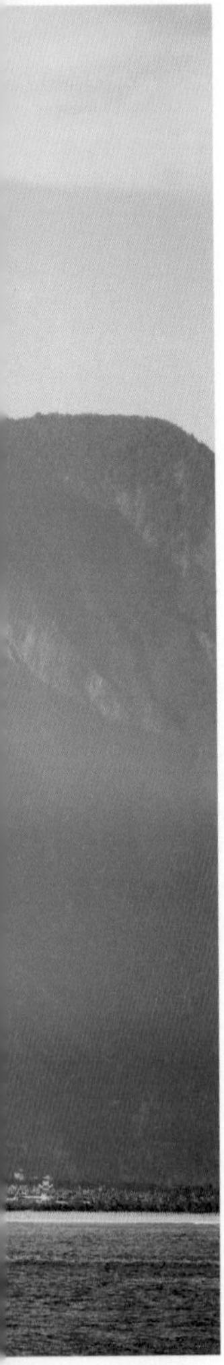

「……石灰岩生態系因為特殊的環境條件孕育了許多獨特的物種，如同一艘生物多樣性的諾亞方舟。然而生存在這片土地上的動植物，都必須適應因高鈣土壤所產生的高鹼環境，而且一旦適應了，也就被這塊土地限制，無法輕易再在其他非高鈣的土地上存活了。」

——克萊門斯等人（Reuben Clements & al.），〈東南亞的石灰岩喀斯特地形：危機中的生物多樣性方舟〉，二〇〇六年

## ❖矗立在太平洋畔的大理岩斷崖

還記得二〇一二年夏天，某個豔陽高照的午後，我划著獨木舟漂流在東海岸邊的太平洋上。眼前蔚藍的海洋看似風平浪靜，實則一道淺浪都能讓獨木舟劇烈晃動，在我身上化作無比煎熬的反胃。

「……大家眼睛不要看海啊，看遠方！……看遠方！頭才不會暈！」隨團教練斷續的聲線順著海風飄來。我勉力抬起了暈眩的腦袋，跟著指示將雙眼望向了遠方的臺灣島。在視野搖晃的盡頭，只見一片灰白參差的斷崖從崎嶇的海邊升起，高高地伸入了盤據在山腰的雲幕中。眼前壯麗的山景倏地將我從委靡中喚

● 十六世紀葡萄牙商人在航經臺灣東部時，
曾從外海遠眺到島上的一片美麗斷崖。
那片斷崖灰白相間的紋理在陽光下閃著銀色光芒，
在蓊鬱大山的托襯下化為一道不可思議的風景。
奇萊鼻清水山　攝影：古庭維

● 千里眼山往清水大山上的石灰岩露頭區眺望太平洋
攝影：古庭維

醒，也讓我頓時想起為什麼怕水的自己會來海上划獨木舟的理由，不就是為了想和葡萄牙人一般，從海上親眼一睹這面清水斷崖的模樣嗎。

不知道從什麼時候開始，一則與葡萄牙人有關的軼聞[1]逐漸在臺灣民間流傳開來，它描述了十六世紀葡萄牙商人在航經臺灣東部時，曾從外海遠眺到島上的一片美麗斷崖。那片斷崖灰白相間的紋理在陽光下閃著銀色的光芒，在蓊鬱大山的托襯之下，化為一道不可思議的風景，感動了在場的葡萄牙人，讓他們盛讚臺灣為「Ilha Formosa!」意即美麗之島。只是這群葡萄牙人可能沒想到，Formosa（美麗之島）一詞竟就這樣因緣際會地在往後數百年間，成為臺灣本島在西方世界的代稱。有些人堅信出現在這則軼聞裡的斷崖與大山，就是花蓮北部沿海的清水斷崖和清水山。●2由於清水山山高路遠，而清水斷崖雖險，因有蘇花公路從中通過，反而成為人們到東臺灣朝聖時必訪的地點。

如果你曾親眼看過清水斷崖，肯定也會和軼聞裡的葡萄牙人一般，被這片岩牆散發的銀色光澤給吸引。這個神祕的配色經過地質學的破譯，原來是混合了各種變質岩的色彩而產生的，而其中瑩白的大理岩●3正是讓清水斷崖熠熠生光的主要成分。潔白的大理岩不只為清水斷崖帶來美麗，更蘊藏著與臺灣島生成有關的古老回憶。根據放射性同位素的定年，構成清水斷崖的大理岩與變質岩都屬於臺灣出露的最古老地層的一部分●4，它們的成形可以追溯到一億多年前，古太平洋海板塊向歐亞板塊隱沒的古地質事件。而在六百萬年前，因為受到蓬萊造山運動的影響，菲律賓海板塊與歐亞板塊碰撞擠壓而出，此處即成為現今臺灣島的一部分。

## ❖古老地層之上的死亡之地

關於清水斷崖，其實還有一個與植物學有關的祕密。在植物研究人員與愛好者的心裡，孕育著斷崖的清水山，其實名氣一點都不輸給清水斷崖。清水山是一處稀有植物群聚的天堂，它們大多是清水山或鄰近山區的特有種，常以「清水」和「太魯閣」兩地為名，素以吸睛的形態自異於島內其他的高山植物，譬如

●1 據《解碼臺灣史1550－1720》所記，福爾摩沙一詞最早可追溯至一五八〇年代的西班牙航海文獻，顯示西班牙人可能才是最早以福爾摩沙來稱呼臺灣本島的歐洲人。而十六、十七世紀葡萄牙航海員所見的福爾摩沙，極可能是指琉球群島，而不是臺灣。

●2 關於清水山與清水斷崖中的「清水」一詞之意，始終眾說紛紜。目前有些人傾向認為此兩字指涉的是淌流於清水山南北兩側的大、小清水溪。

●3 大理岩是一種來自石灰岩的輕度變質岩，它不若其他變質岩有層狀或片狀的構造，而是純然的白色岩體，地質學家所說的葉理在大理岩是看不到的，這也使得大理岩被外力侵蝕後不會順著節理脆弱面消蝕，而是呈現出較自然隨意的侵蝕表面。

●4 臺灣島地表出露的最古老地層是大南澳片岩，又稱大南澳變質雜岩，其源於古生代時期堆積而成的沉積岩，在一億多年前的太平洋海板塊向歐亞板塊隱沒的事件中經過變質作用而產生。

## 石灰岩地形

石灰岩的分布廣布全球，其主要成分是富含碳酸鈣的方解石，由於易受微酸性的水溶蝕，經常在地表形成壯麗的地景。它的形成同時涉及了化學與生物作用，生物方面則主要與棲息在淺海地區的珊瑚蟲有關。這些珊瑚蟲靠著將海水中的二氧化碳與鈣質轉化為碳酸鈣，建構自身的殼體或骨骼，死後遺骸沉入海中在海床上積累成層。由於碳酸鈣非常容易溶於水中，因此一旦海水中所含的碳酸鈣過度飽合時，就會自生物殘骸中析出，進而沈澱成石灰岩。往後，石灰岩若經過地殼擠壓的高溫高壓作用，便會形成石灰岩礁石，並進一步變質成其他種類的變質石灰岩。

石灰岩地形是溶蝕地形的一種，素以地下石洞、鐘乳石、石林等地質景觀聞名於世。石灰岩地形最早是由地理學家在克羅埃西亞的喀斯特高原所報導，因此又稱喀斯特地形（Karst topography），臺灣雖然沒有如東南亞或中國大陸那般大規模的喀斯特石灰岩地形，但石灰岩層仍零星出露於全島，特別集中在東部和南部地區。從性質上來看，南部的石灰岩大都屬於珊瑚礁岩，而東部則是比較特別的變質石灰岩（大理岩），其分布大約北起南澳和平溪向南延伸至臺東關山一帶，總長約一百五十公里。其中太魯閣峽谷以及清水山一帶是變質石灰岩出露最多且石灰岩地形發育最發達的地方。儘管大部分的變質石灰岩體都被森林覆蓋，但在幾處較大的岩體出露點，磊磊白石或堆積在山坡稜線上、或成為斷崖峭壁的一部分，形成奇特的視覺景觀。

● 對多數植物來說，石灰岩化育出來的土壤基本上都難以生長。這些土壤通常富含石灰質這類會毒害植物根系發育的化合物。
攝影：游旨价

清水馬蘭（*Aster chingshuiensis*）、太魯閣木藍（*Indigofera ramulosissima*）等，很多都是植物愛好者夢幻清單上會出現的物種。

一如清水斷崖的身世，清水山的稀有植物也有屬於自己的歷史故事，它們因為生長在大理岩之上，而有了一個獵奇的外號——石灰岩植物（因為大理岩其實是一種輕度變質的石灰岩）。在臺灣，恆春半島和太魯閣是石灰岩植物主要出現的地方，然而兩地的石灰岩植相卻因緯度不同、懸殊的海拔落差，在物種的組成上也顯得頗為不同。總的來說，南部的石灰岩植相主要是由喜愛海岸礁岩環境的熱帶或亞熱帶海濱植物組成，而東部則又比南部多了適應高山的山地溫帶植物。倘若進一步思考這些石灰岩植物的起源，會發現背後藏著值得探索的演化問題。對世界上大多數的植物來說，石灰岩化育出來的土壤基本上都是很難生長的，因為這些土壤通常富含石灰質（碳酸鈣與碳酸氫鈣）這類會毒害植物根系發育的化

# 臺灣東部花蓮、臺東地區地質圖

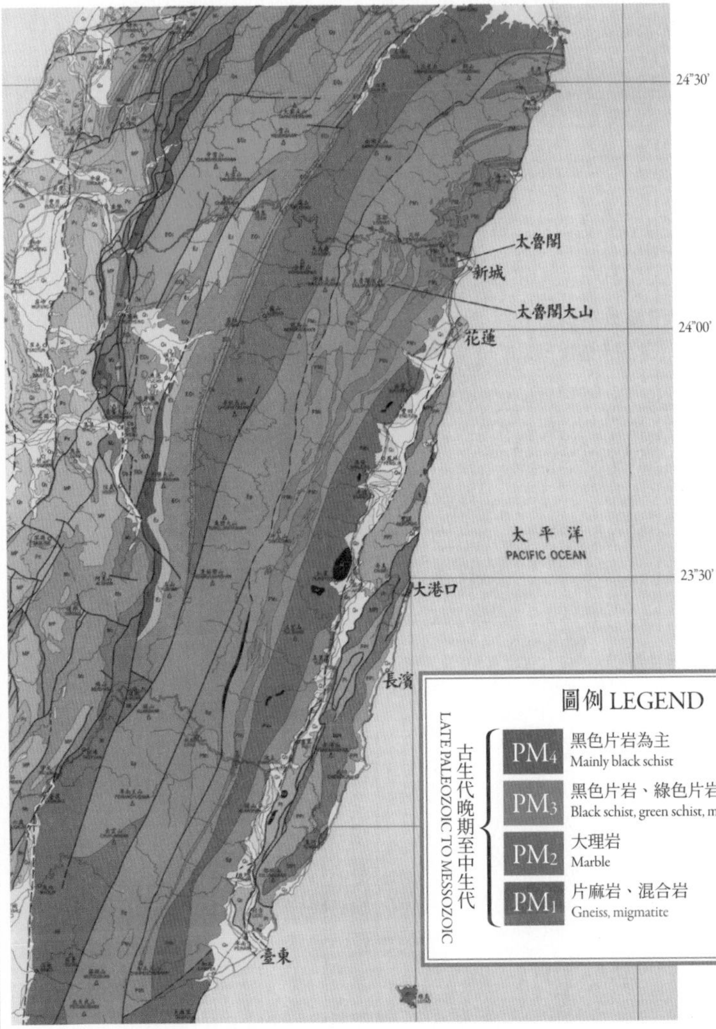


● 臺灣島地表出露的最古老地層是大南澳片岩，又稱大南澳變質雜岩，構成清水斷崖的大理岩與變質岩都屬於其中一部分。

圖片來源：選取自〈臺灣地質圖〉，經濟部中央地質調查所，原圖比例為五十萬分之一。

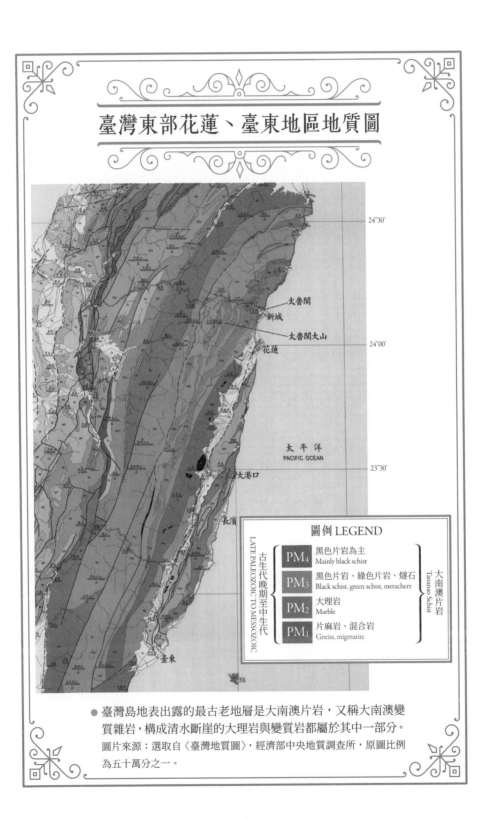

合物。在一些土壤學研究裡，石灰質也被發現會妨礙土壤中水分和空氣的調節，進而造成植物的衰弱與死亡。儘管如此，從生物演化的角度來看，石灰岩土壤分布的區域一如高山的山頂、熾熱的沙漠，是一種生態上的孤島，它不僅嚴格篩選著能夠進入與存活的物種，也是引發在地特有現象的星火。為了在石灰岩的大地上存活，石灰岩植物必須具備獨特的生理機制來應付石灰質所造成的高鹼土壤，尤其是對高濃度鈣離子的調適。鈣雖然是植物生長必需的元素之一●5，但是過量的鈣卻是一種細胞毒害劑。一般來說，非石灰岩植物體內生理所需的鈣離子濃度是很低的（0.1–0.2 μM），而體內鈣離子的濃度一旦過高，便會與磷酸反應形成沉澱，從而擾亂植物體內與磷代謝有關的生理機制，進而影響了植物的生存。

出露於清水山與太魯閣一帶的古老大理岩，其化育出的正是高石灰質含量的死亡之土。在植物學者眼裡，清水山和太魯閣一帶的稀有植物，每個物種肯定都具有一套自己獨特的生理機制來應付高鹼土壤，將石灰岩帶來的死亡威脅化為欣欣向榮的契機。他們來到清水山，除了被石灰岩植物吸睛的外表所吸引，也著迷於探索清水山石灰岩植物的生存之道。關於石灰岩植物如何適應高鈣土壤的機制，植物學者早在十九世紀初期就已展開研究，但相關案例多著重在歐洲地區，東亞則一直要到二十世紀才有比較密集的討論。雖然在時間上幾乎晚了歐洲一世紀，近代亞洲石灰岩植物的研究卻發展得既蓬勃且具活力。這是因為石灰岩地形在亞洲不僅分布廣泛，且地景多樣充滿可觀性，還經常是生物多樣性的熱點地

●5　鈣在植物生理上最重要的一項功能是做為調控細胞胞外信號和胞內的生化反應，因此植物對鈣的吸收、轉運和儲存的方式都會直接影響生理功能的運作。

區，自然備受產官學各界的矚目。有趣的是，在半個世紀前亞洲石灰岩研究逐漸嶄露頭角之際，清水山與太魯閣的石灰岩植物做為早期的研究案例其實扮演了不為人知的推手角色。

## ❖清水建美與他的清水山世界

臺灣真正的石灰岩植物研究雖然也是始於日本人之手，但卻不是發生在日治時期。自早田文藏出版《臺灣高山地帶植物誌》以來，日本學者前仆後繼來到臺灣，走入山中，展現了他們對高山植物的迷戀。然而位於中央山脈東翼的太魯閣山區卻一直是被日本學人忽略的黑暗之地，直到二戰結束日本人離臺之前，都沒有真的站上植物研究的舞臺。究其原因，也許與太魯閣峽谷險惡的地形，以及日本時期太魯閣地區原住民族與日本人長年間的激戰有關。從文獻來看，目前日本時期太魯閣地區最早的植物採集報導可以追溯至一九一七年，早田文藏與佐佐木舜一在臺灣東部的植物調查之旅。當時，他們假蘇花古道從宜蘭出發前往花蓮，途經清水斷崖時曾採集了一些石灰岩植物（其中有不少之後被早田文藏發表為新種）。然而早田之後的三十年間，太魯閣與清水山特有的植物乏人問津，一直要到日治末期的一九三九年，正宗嚴敬的一位學生中村泰造（Taizo Nakamura），因為以清水山的特有植物做為論文主題，才為清水山的植物留下一些歷史紀錄。當時

【12】

| | |
|---|---|
| 氏　名 | 清水建美（しみずたてみ） |
| 学位の種類 | 理　学　博　士 |
| 学位記番号 | 理　博　第　62　号 |
| 学位授与の日付 | 昭和38年6月25日 |
| 学位授与の要件 | 学位規則第5条第1項該当 |
| 研究科・専攻 | 理学研究科植物学専攻 |
| 学位論文題目 | **Studies on the limestone flora of Japan and Taiwan**<br>（日本と台湾における石灰岩地帯の植物群に関する研究） |
| 論文調査委員 | （主査）教授 北村四郎　教授 芦田譲治　教授 新家浪雄 |

**論　文　内　容　の　要　旨**

欧州の石灰岩地帯の植物群については1836年以来研究され，植生・植物相・特徴種について，かなりよくわかっていたが日本や台湾の石灰地帯の植物群については，気候が湿潤なため，特徴種もはっきりしていないと考えられ，近年まで詳しく研究されることが少なかった。

著者の主論文は，7年間にわたって，北海道から台湾までの主な石灰岩地帯57地区を実地に調査し，こ

●清水建美博士論文

圖片來源：選取自京都大學學術情報論文檔案，1963年6月25日發刊。

中村泰造的研究並沒有在臺灣植物學界激起漣漪，二十多年過去，臺灣石灰岩植物研究才終於迎來了關鍵時刻。

也許是命中注定，一九六二年日本京都大學一位也姓清水的博士生清水建美（Tatemi Shimizu）來到了清水山，計劃以臺日兩地的石灰岩植物做為博士論文研究的主角。爾後經過數年調查，清水建美不僅成功地將太魯閣特殊的石灰岩植物引薦到了國際學界，也因為在石灰岩植物研究上開創性地進行跨國比較，成為上個世紀亞洲知名的土壤限制植物[6]研究者。他的博士論文總結了臺灣石灰岩植物的特色，並從中發現許多新物種。其中最重要的科學成就，應該還是利用石灰岩植物的分布模式來為石灰岩植物進行分類的創舉。

簡單來說，他依據出現的頻度與分布範圍將石灰岩植物粗分成五類：(1)嗜鈣植物（Calcicoles）：**只分布在石灰岩土壤上**；(2)喜鈣植物（Calciphiles）：比較偏好在高鈣土壤上生長，**但亦能生長**在其餘土壤

條件裡，只是可能較差；（3）順應型植物（Calcium-indifferent）：在石灰岩土壤和酸性土壤中**都有分布**，對土壤含鈣量多少並無特別偏好；（4）厭鈣植物（Calcifuge）：只分布在酸性土壤上，在石灰岩土壤上**無法正常生長**；（5）偶然型植物：只偶然出現在石灰岩土壤上。清水建美的分類法簡單易懂，只需要使用植物的分布資料便可初步掌握某地石灰岩植物植相的特色，直到現在都還被當代學者們使用。舉例來說，太魯閣地區大多數的石灰岩植物應該屬於第二類喜鈣型或第三類隨遇型，僅有少數分布在大理岩出露處的植物是屬於嗜鈣型。也就是說，太魯閣大部分的石灰岩植物並不是真正的土壤限制植物，暗示當地的土壤並非全是由石灰岩或大理岩化育而成的。

近年來，中國大陸南方喀斯特石灰岩地形分布的省分，像是廣西、海南等地，逐漸成為東亞石灰岩植物研究的重鎮。研究者藉由分析這些地區石灰岩植物體內鈣離子濃度變化的形式，歸納出石灰岩植物適應高鈣環境的幾種策略，其中最主要可以分為高鈣型、低鈣型和隨遇型等三類。所謂高鈣型，通常是指已經適應了高鈣土壤環境的石灰岩植物，它們本身由於對鈣離子有比較高的需求和忍耐力，因此會通過一些生理機制來強化對鈣離子的吸收，讓體內保持在鈣含量較高的狀態。另一方面，低鈣型的石灰岩植物則對鈣離子濃度顯得比較敏感，它們體內的鈣離子濃度一旦過量，便會產生對生長不利的影響，因此它們通過一些生理機制來減少對鈣離子的吸收，像是減少它從地下部向地上部輸送的量，讓地上部可以

●6 對植物來說，石灰岩土壤並不是地表上唯一的嚴苛土壤，世界上還有一些其他不適植物生長的極端土壤類型，像是缺氧的溼地土壤。學者也為生存與分布深受土壤性質影響的植物取了個名字——土壤限制植物（edaphic plant）。

石灰岩層分布廣布全球，主要成分是富含碳酸鈣的方解石。由於易受微酸性的水溶蝕，經常在地表形成壯麗的地景。圖為中國大陸廣西喀斯特地形，屬於老年期的喀斯特山峰。

攝影：謝佳倫

保持在一個適合生長的較低的鈣離子濃度。而隨遇型則是指對體內鈣離子濃度變化容忍範圍較大的石灰岩植物，基本上它們可以依據生長地的土壤條件的不同，來調控體內細胞質中鈣離子的濃度，是對土壤鹼性強弱的忍耐度比較有彈性的石灰岩植物。

最後，將這樣以適應高鈣環境策略為基礎的分類方法與清水建美的分類方法做結合後，研究者便可以解釋為什麼有些植物可以在石灰岩上生存，有些不行，抑或是為什麼同樣都出現在石灰岩區域內，但有些物種的分布就比較廣泛，有些卻比較局限。簡單來說，植物根據其適應高鈣的策略不同，對環境的忍受度也不同，譬如對高鈣土壤環境忍受力較好的高鈣型石灰岩植物，理論上在石灰岩地區的分布就會因為比其他類型的植物有優勢，因而偏向呈現出清水建美分類裡嗜鈣型的分布格局。

● 太魯閣小米草，特產太魯閣石灰岩地區的碎雪草屬植物，花朵碩大顏色豔麗。
攝影：游旨价

## 以清水與太魯閣為名

在清水建美為臺灣的石灰岩植物研究打下基礎後，接下來的探索就大抵由臺灣本地研究者接手。可惜的是，儘管太魯閣特殊的石灰岩植物終於獲得關注，但是太魯閣山區難以親近的狀況卻沒有太大改變，想要入山必須具備一定的山野技能，這也讓至今親眼見過並記錄過這些稀有植物的人還是少之又少。此外，由於日本時代留下的研究文獻通常缺乏彩色圖片，加上標本亦無法完整重現出植物樣貌，在此情況下，多數對太魯閣石灰岩植物有興趣的人，只能靠著各地愛好者在網路上傳的照片來認識它們。雖然像是被披了一層神祕的面紗，人們還是逐漸發現當許多太魯閣的石灰岩植物與它們各自親緣相近的非石灰岩姊妹種相比時，外觀上似乎總顯得特別「奇特」一些，尤其是那些生長在大理岩露頭處的物種。

舉例來說，在臺灣產的小米草屬（*Euphrasia*）植物裡，有一種特產在太魯閣的種類——太魯閣小米草

● 大花傅氏唐松草（上）的花萼較傅氏唐松草（下）大上許多，像是美麗的白色冠冕。
攝影：游旨价（上）、趙建棣（下）

（*Euphrasia tarokoana*），它的植株特別嬌小，但開出的花朵卻要比其他小米草種類來得碩大、豔麗，是許多植物愛好者心中的石灰岩植物皇后。

類似的花朵大小變化也出現在大花傅氏唐松草（*Thalictrum urbaini* var. *majus*）和太魯閣千里光（*Senecio tarokoensis*）這兩種太魯閣特有植物上。大花傅氏唐松草顧名思義，其花朵與承名變種[7]傅氏唐松草（*Thalictrum urbaini* var. *urbaini*）相比顯得特別碩大，這巨大化後的白色花萼就像一頂潔白冠冕，戴在嬌小的植株上頭既搶眼又美

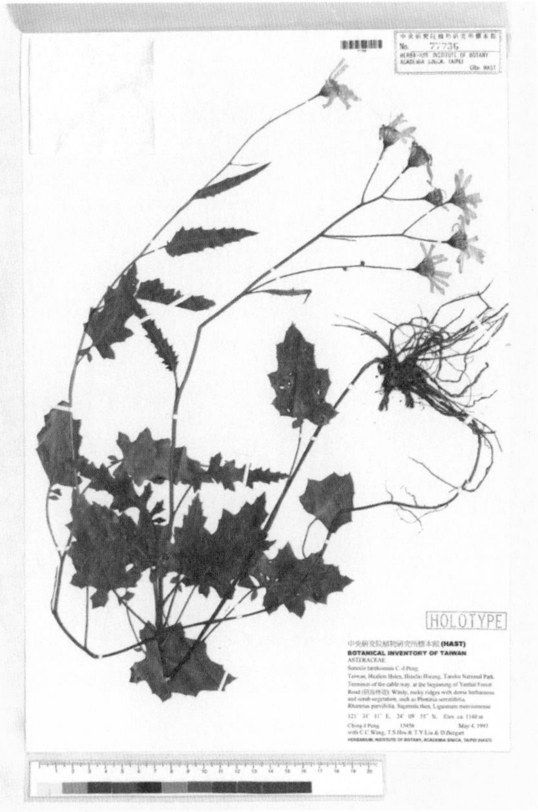


● 太魯閣千里光模式標本。
太魯閣千里光是太魯閣石灰岩植物裡最美麗的菊科植物，由彭鏡毅博士於1999年發表，其花容雖美卻極少人有機會目睹。
攝影：楊智凱攝

●7 變種（variety）是分類系統種（species）以下的位階。當一個物種被分成了不同的變種時，分類學者需要給每一個變種再取一個變種小名，通常以variety的縮寫var.做為前綴。因此所謂的承名變種便是指變種小名與最初發表的那個物種的種小名相同的變種，通常也叫作原變種。

● 太魯閣佛甲草，近期自太魯閣石灰岩露頭區發表的多肉植物，具有奇特的紫褐色體色。 攝影：游旨价

麗。而太魯閣千里光更是太魯閣稀有植物中的稀有植物，雖然美麗卻鮮少有人親眼見過。千里光屬的植物又稱黃菀，是菊科底下的一個大家族（近一千五百種），它因為花色鮮黃，盛開時彷彿一盞千里之外都可看見的燈火，因而得名千里光。太魯閣千里光的花比臺灣其他千里光屬的成員都要來得大，讓本就耀眼的花朵顯得更加光采奪目。

除了花朵大小的變化，有些石灰岩植物的植株會呈現出綠色之外的特殊色彩，像是新近才發表的太魯閣佛甲草（*Sedum tarokoense*），便是全身透著暗紅褐色的石灰岩多肉植物，和臺灣其他具有翠綠色彩的佛甲草截然不同。另外，植株縮小化也是臺灣石灰岩植物常見的形態變化，太魯閣大戟（*Euphorbia tarokoensis*）和臺灣產的另兩種大戟屬（臺灣大戟與岩大戟）相比，植株顯得特別纖細，若非開花時有大戟屬特有的大戟花序●8表明正身，就連專家也很難第

● 太魯閣大戟（左）的身形比臺灣其他大戟科種類嬌小許多，
許多人都僅能靠它開花時的大戟花序才能驗明正身。 右圖為岩大戟　攝影：游旨价

● 厚葉龍膽具有特殊的蓮座狀葉片，
是臺灣特產龍膽中最稀有的種類之一。
攝影：游旨价

● 太魯閣木藍　攝影：游旨价

● 太魯閣黃楊，稀有的黃楊科植物，喜生在石灰岩塊或石縫中。　攝影：游旨价

一眼就認出它來。厚葉龍膽（*Gentiana tentyoensis*）是臺灣龍膽屬家族中特有在太魯閣石灰岩地區的珍稀物種，雖然個頭嬌小，卻長得特別厚實、呈蓮座排列的葉片，模樣十分奇特。植株縮小化的現象並不僅局限在上述的草本植物，在一些木本植物也可以發現，像是豆科的太魯閣木藍[9]喜愛匍匐生長在太魯閣的峭壁上，開著特別小而精巧的花。太魯閣黃楊（*Buxus microphylla ssp. sinica var. tarokoensis*）喜歡生長在斷崖峭壁上，是身形特別迷你化了的稀有黃楊屬植物。

## ❖太魯閣植物特有現象的起源

來太魯閣或清水山看石灰岩植物，就像是到了神祕植物大觀園，當中各式品種彷彿從象徵著死亡的高鈣土壤裡吸收了什麼特殊營養，在外觀上產生了特異的變化。事實上，這些太魯閣稀有植物身上異化的形態特徵，經常也是它們被分類學家認定為特有種的主要依據，然而可惜的是，究竟這些特異的形態變化是否是為了幫助它們在高鈣土壤的環境裡生存，至今都還是植物學界裡的謎題。可以確定的是，這些神祕的形態變化不只出現在太魯閣的石灰岩植物身上，全球各地的石灰岩植物、甚至是其他土壤限制植物（像是蛇紋岩植物），或多或少也都可以觀察到類似現象。

●8 大戟花序（cyathium）是大戟科（Euphorbiaceae）中大戟屬（*Euphorbia*）與地錦草屬（*Chamaesyce*）植物特有的一種花序類型。大戟花序雖然外觀看起來像一朵花，但實際上是由一朵雌花與多朵雄花包圍而成，雌雄花均無花瓣，外圍包著杯狀的總苞，其頂端常會有一至數個蜜腺及狀似花瓣的附屬物。

●9 木藍屬的植物是藍染原料之一，它在日照充足下極易繁殖，為含藍素植物中最優秀的染料。臺灣早期木藍類植物的栽植利用因傳播影響，在日治前後期曾積極推廣種植南蠻蕃菁的木藍，生產藍靛。

●10 所謂的露頭，指的是岩石顯露於表面，未被土壤或其他物體所遮蔽的地形景觀，通常出現在河道的兩側、斷崖、山脊稜線或崩塌地。

物學泰斗小泉源一（Genechi Koidzumi）於一九三一年所界定的一群日本特有植物。**襲**指的是九州南部的古名——襲之國，**速**是速吸瀨戶（豐予海峽）的縮寫，**紀**則是紀之國，是和歌山縣和三重縣南部的古名。襲速紀要素因為包含了許多珍貴稀有的日本特有植物，因此自報導以來一直都是日本植物學者關注的焦點。目前襲速紀植物的研究者們傾向認為該要素應該是古代某些土壤限制植物或是適應貧瘠土壤的植物的孑遺族群。它們喜好的棲地，譬如山崩塌地、石灰岩或是蛇紋岩的露頭區，因為森林演替或地質變動而逐漸消失，進而導致現生分布範圍的縮限。

● 日本著名的石灰岩植物分布地，位於尾瀨的至仏山。 攝影：游旨价

● 日本東北地區的早池峰山是蛇紋岩植物重要的研究基地 攝影：游旨价

# 日本的石灰岩與蛇紋岩植相研究／襲速紀要素

拜清水建美之故，臺灣與日本的石灰岩植物成了亞洲早期石灰岩植物研究的經典案例。其實清水建美的論文除了討論石灰岩之外，還包含另一種對一般植物有毒性的土壤——蛇紋岩土壤（Serpentine soil）的研究，他對這類土壤限制植物的分布與特有現象也十分好奇。

日本的石灰岩地形分布十分廣泛，從北海道至南方的幾個大島，幾乎全國都有分布，但論面積來看，還是比較集中在本州中部、四國和九州等地，尤其在四國和九州等地有些比較知名的石灰岩山峰分布（像是四國的赤石岳、九州的白石山），這些名山一如太魯閣，由於有較大面積的石灰岩露頭處，因此孕育著十分獨特的在地石灰岩植相。相較石灰岩，蛇紋岩土壤雖然在臺灣比較不為人所知，但是在日本卻是許多研究者聚焦的研究材料。蛇紋岩屬於火成岩類，是一種變質超基性岩，其化育出來的土壤含有相對高量的鉻與鎳元素，是世界著名的問題性土壤。對大部分的植物來說，高鎳的土壤具有毒性，不僅會讓植物體內產生鎳鐵不平衡的現象，也會造成鋅、鉬元素的流失。

在臺灣島形成的歷史裡，蛇紋岩是一種很重要的岩石，因為它是海洋地殼底部的產物，它在臺灣島的出現是臺灣位於聚合板塊交界的一種地質證據。臺灣出露的蛇紋岩大多零星分布在海岸山脈以及中央山脈東側的局部地區，不若日本因為位於太平洋超基性岩帶上，因此擁有相對豐富的蛇紋岩地層。日本主要的蛇紋岩露頭分布在本州中部的北阿爾卑斯山區、東北地區（早池峰山）以及北海道（夕張岳），這些地方大多也是著名的植物保護區，以特有的蛇紋岩植物聞名。

此外，值得一提的是在日本西南地區有一群與石灰岩和蛇紋岩特別有關的特殊植物，它們被稱作襲速紀要素（Shohayaki element），是由日本植雖然眼下的形態之謎暫且沒有答案，但在探究太魯閣石灰岩植物特有現象的起源路上，研究者們已有了一些心得。早在半個世紀以前，清水建美就已經留意到太魯閣石灰岩植物高度特有的現象，他在論文裡指出這些特有現象的分布十分狹隘，且大多集中出現在大理岩的露頭區（outcrop）。[10]

在太魯閣或清水山，大理岩露頭其實並不常見，它在外觀上布滿了大小不一的大理岩或石灰岩塊，底下的土壤層不僅極淺，土壤內的鈣含量也特別高，可以說是太魯閣一帶真正的死亡之地。然而這樣的生存逆境，卻是高鈣型石灰岩植物的天堂，它們除了因為本身就對高鈣環境有所需求，高鈣的土壤也讓競爭者的種類與數量都比較少，從而多方面地確保了高鈣型石灰岩植物的生存優勢，讓它們得以在此安心成長。

露頭區的出現與太魯閣石灰岩植物的特有現象，它們二者之間一定有些什麼關聯。在清水建美的想法裡，既然高鈣型石灰岩植物幾乎只出現在露頭區，如果想要知道這些植物的特有現象是何時起源的話，應該可以從露頭區形成的年齡來推測吧。因此清水建美率先探討露頭區的形成過程，並將其分成了古老和年輕兩類。所謂「古老」，指的是該露頭區是過去某個已消失的大型露頭地形的殘存，而「年輕」則是指因近期山崩或其他因素所產生的新露頭。相較年輕露頭，古老露頭形成的過程顯得比較複雜，它通常與植群的演替有關。在森林演替的週期裡，不同屬性的植物會在不同的時期輪番進駐。一開始是由喜愛高光照的陽性植

● 花蓮名勝清水斷崖雄偉壯麗，更蘊藏著與臺灣島生成有關的古老回憶。
攝影：游旨价

物打先鋒，它們會率先化育露頭土壤，改善土壤條件使得低鈣型或隨遇型的石灰岩植物有機會可以進入與生長。往後隨著生長環境逐步改善，一些非石灰岩植物也能生長了。森林逐漸形成，露頭區隨之消失。清水建美依據自己對露頭區的分類，認為太魯閣的高鈣型石灰岩植物，其特有現象的起源也可以分為兩類，一類可能是經由孑遺狀態而產生的古特有種，另一類則是由低鈣型或隨遇型石灰岩植物拓殖進入新產生的露頭區後，適應環境所產生的新特有種。

清水建美的假說像是一座跨越時空的學術燈塔，至今仍在指引著太魯閣特有石灰岩植物起源的研究。然而若是想要實際檢測他的想法，仍有諸多困難，其中最大的難處在於該如何判斷露頭的地質年齡是古老的還是年輕的？關於清水建美提出的假說，研究者們目前都只能先撇開地質，從植物本身著手。有學者藉由研究清水山一帶的植群變化指出，由於受到地形因素以及東北季風的影響，清水山石灰岩露頭區的植群演替週期較其他地方來得緩慢，因此較長期地保留在演替初期的狀態，所以那裡才會有那麼多喜歡露頭區的高鈣型石灰岩植物，然而植群分析的結果無法指出清水山露頭區實際存在的時間長短。另一方面，藉由分析DNA的遺傳訊息，有些研究者從這些特有的露頭區植物與姊妹物種的分子親緣關係中，發現了一些特有現象發生的線索。以草本植物來說，研究者發現大花傅氏唐松草和太魯閣小米草雖然在形態上與其各自近緣的姊妹物種有明顯差異，但在遺傳分化的程度上並不高，暗示它們可能是演化尺度上較年輕或是仍處於種化過程中的物種。有趣的是，從分子親緣關係樹也可以發現太魯閣小米草和某些分布在臺灣高山高海拔的小米草種類是姊妹類群，另一方面大花傅氏唐松草則與分布在中低海拔的傅氏唐松草互為姊妹群，這樣的對比顯示了石灰岩植物對高鈣土壤的適應性，可以源於不同海拔的植物。另一方面，木本植物也和草本植物有類似狀況，小檗屬的清水山小檗（*Berberis chingshuiensis*）[11]和太魯閣小檗（*B. tarokoensis*）在分子親緣關係樹裡，和近緣喜生於中海拔雲霧林或高海拔的種類間的遺傳分化程度亦不高。不過和植群分析一般，由於上述分子親緣關係的研究並沒有進行分子鐘的分析，因此對於這些植物特有現象的起源時間仍是未知。整體來說，以植物學有關的結果來看，研究都傾向支持這些特有現象的起源是年輕的，但是由於缺乏露頭區地形成形的年代，因此無法進一步確認它們是清水建美口中的古特有還是新特有種。

[11] 1964年由清水建美於其論文中發表的新種，是一種喜生於太魯閣石灰岩露頭處的特有種小檗。發表後由於數量稀少，識者不多，因此常與太魯閣地區其他小檗混淆。

[12] 清水圓柏和屋久島圓柏的承名姊妹變種偃柏（*Juniperus chinensis* var. *chinensis*）是原生在日本與韓國著名的園藝植物，又名爬地柏或鋪地柏，以貼地生長、怪奇的樹型著稱於世，自古以來便是許多園藝玩家珍愛的樹種。

● 清水圓柏，臺灣四種被《文化資產保存法》保護的植物種類之一，
一些分類學者主張其與日本的屋久島圓柏是同一個物種。 攝影：游旨价

## ❖ 遠道而來的石灰岩植物

太魯閣的露頭區除了那些名氣響亮的特有植物，也有極少數自遠方傳播而來的植物種類，一如臺灣島的縮影，石灰岩露頭區也是某些植物傳播旅程中的驛站。這些遠道而來的石灰岩植物雖然不是臺灣特有種，但是在臺灣卻只出現在太魯閣的露頭區，因此也是十分珍貴的稀有植物，其中，名列植物愛好者夢幻清單上的無非要屬清水山圓柏（*Juniperus chinensis* var. *taiwanensis*）和梓木草（*Lithospermum zollingeri*）了。

清水圓柏，是臺灣四種被《文化資產保存法》保護的植物種類之一，雖然中文名當中有清水山，但在分類學上卻被許多學者認為與日本的屋久島圓柏（*Juniperus chinensis* var. *tsukusiensis*）[12]是同一種植物。在臺灣的清水圓柏很少會長成大樹，它喜愛蜷曲或盤旋在露頭區或是斷崖上，樹形十分詭奇。在中國大陸和日本，是諸多盆栽愛好者醉心蒐藏的逸品。儘管清水圓柏的野生族群數量稀少，棲息地又難以靠近，但鑒於它在

● 紫草科的梓木草靠著妍麗的花朵色彩
以及花瓣上獨特的喉部標識，引導昆蟲助其授粉。
攝影：游旨价

園藝界的市場，依然蒙受著極高的盜採壓力。而屬於紫草科的梓木草，則是一種分布在日本、朝鮮半島與中國大陸華南、華西地區的美麗小花，在日本它有一個很美麗的名字——螢葛。「螢」指的是它幽麗的藍色花朵宛若夜裡螢光，而「葛」則是描述它蔓生的生長型態。梓木草和紫草科大部分的成員一樣，能夠靠著妍麗的花朵色彩以及花瓣上獨特的喉部標識來引導昆蟲助其授粉。紫草科植物的花朵在授粉前後會出現色彩濃淡的變化，新開的紫草花，藍得驚人，但當授粉過後，花朵的顏色就會變淡，後來研究發現紫草花顏色的改變其實是一種給授粉昆蟲的信號，變淡的花色是在告訴它們別再來訪問這朵花了，因為它已經完成授粉，沒有花蜜了！

值得注意的是，由於清水圓柏和梓木草在臺灣島之外的分布地裡，基本上並不是石灰岩植物，那為什麼在臺灣卻僅出現在石灰岩露頭區呢？從這兩種植物在臺灣的族群數量都十分稀少來看，一來它們本身可能就具有在高鈣土壤生長的潛力，是隨遇型的石灰岩植物，二來如前所述，石灰岩露頭區因為生境獨特、競爭者較少，它們在那裡可能和其他臺灣原生植物競爭棲地時比較有優勢。由於臺灣目前並沒有關於這兩種植物的生物地理學研究，因此對於它們究竟是從海外何處傳播過來，所知甚稀，尤其是梓木草，它的分布範圍涵蓋了東亞許多地區，種子傳播的機制又偏向哺乳動物夾帶，到底是怎麼跨海來到臺灣的，應該會是一個很有趣的生物地理學問題。反而是清水圓柏來臺過程相對比較好推敲些，圓柏屬一直都是裸子植物世界裡的環球旅者，它或為堅果狀或為漿果狀的種實是許多鳥類的最愛，因此得以靠著鳥類的遷徙而傳播到他處。既然目前清水圓柏只出現在日本屋久島與臺灣，只要能夠參考兩座島嶼的地質年代，應該就可以初步推測出一個彼此間傳播的方向了。

● 在一趟趟太魯閣與清水山的石灰岩路上，我深知山路難行，石灰岩植物難覓。
不知道臺灣石灰岩植物研究的下一次飛躍會是何時呢？
錐麓斷崖　攝影：游旨价

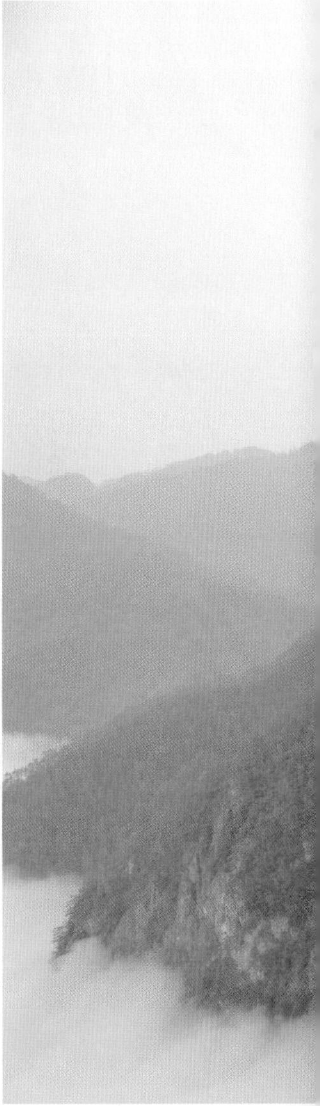

## 峽谷上的祕密花園

如今回頭細數登山一二事，心中早已認定太魯閣的群山是登山生涯最重要的存在。高中的升學壓力，讓自己到了大學時代才有機會隨登山社領著漂鳥山林，得以綜覽臺灣群山。那時儘管自覺像是有點跟上了上個世紀博物學者的腳步，但真正要能從博物學的行腳中感受到研究者追求的視野，卻一直要到與太魯閣石灰岩植物的相遇之後。二〇〇八年我與智凱學長和嘉穎學姊前往大斷崖山，一座我已和登山社夥伴來過數趟的太魯閣野峰，但這次到訪不為登山，卻是與學長姊一同來調查植物。透過學長的雙眼，我終於看見了那些平常總是忽略而過，生長在腳邊的石灰岩植物。第一次，我停下登山習慣了的趕路步伐，和學長姊一起彎下腰，有時乾脆就直接趴在地上，仔細觀察石灰岩植物奇特的形態。亂石堆裡，這些石灰岩植物翠綠的枝枒從石縫中伸了出來。「它們怎麼會長在這種地方？」這是我心裡冒出的第一個疑問。

隨著研究所小檗研究的開展，我在這片大理岩峽谷之上的石灰岩花園裡尋找清水建美發表的神祕小檗——清水山小檗，過程中也驚喜地發現了一個尚未給予名字的新種小檗——花蓮小檗（*B. schaaliae*），加上一九九六年由林業試驗所呂勝由老師發表的太魯閣小檗，小小的太魯閣地區，竟然出現了三種特有種小檗。「為什麼會有這麼多特有種在這裡？」這是我心裡冒出的第二個疑問。

二〇一四年國府方吾郎（Goro Kokubugata）博士的碩士生伊東拓朗（Takuro Ito）來臺灣交流兩個月，期間我們去了一趟太魯閣的研海林道，伊東君一到石灰岩露頭區，便像智凱學長教我的姿勢一般趴在地上尋找石灰岩植物的身影，在伊東君的介紹裡，我第一次知曉了土壤限制植物這個詞彙。隔年盛夏，伊東君與友人久慈君帶我爬上了日本岩手縣的早池峰山，那是一座素以蛇紋岩植物著名的特有植物聖地。我在長滿珍稀植物的早池峰山頭想著第三個疑問，「臺灣的土壤限制植物和鄰近地區有關係嗎？」

至今我仍然沒有能力解答存在心中的三個疑問，對於臺灣石灰岩植物能有的理解也只停留在清水建美的視野中。在一趟趟太魯閣與清水山的石灰岩路上，我深知山路難行，植物難覓，心中更對這位研究視野彷彿先行了半個世紀的學者感到欽佩。不知道清水建美之後，下一次臺灣石灰岩植物研究的飛躍會是何時呢？

## 參考文獻


Chan, C. W. M., Wohlbach, D. J., Rodesch, M. J., Sussman, M. R. (2008). Transcriptional changes in response to growth of *Arabidopsis* in high external calcium. *FEBS Letters* 582: 967–976.

Ji, F.-T., Li, N., Deng, X. (2009) Calcium contents and high calcium adaptation of plants in karst areas of China. *Chinese Journal of Plant Ecology* 33(5): 926-935.

Rajakaruna, N. (2004) The edaphic factor in the origin of plant species. *International Geology Review* 46(5): 471-478.

Reuben, C., Sodhi, N. S., Schilthuizen, M., Ng, P. K. L. (2006) Limestone karsts of Southeast Asia: imperiled arks of biodiversity. *BioScience* 56: 733-742.

Shimizu, T. (1962) Studies on the limestone flora of Japan and Taiwan. *Journal of the Faculty of Textile Science and Technology, Shinshu University Ser. A: Biology*. No. 11-12.

Vermeulen, J., Whitten, T. (1999) *Biodiversity and cultural property in the management of limestone resources: Lessons from East Asia*. International Bank for Reconstruction and Development, The World Bank.

Yu, C.-C., Chung, K.-F. (2014) Systematics of Berberis sect. *Wallichianae* (Berberidaceae) of Taiwan and Luzon with description of three new species, *B. schaaliae, B. ravenii, and B. pengii*. *Phytotaxa* 184(2): 61-99

李香瑩，《臺灣產唐松草屬之親緣關係與傅氏唐松草複合群之系統分類》（臺北：國立臺灣師範大學生命科學系碩士論文，二〇一一）。

翁佳音、黃驗，《解碼臺灣史一五五〇－一七二〇》（臺北：遠流出版，二〇一七）。

陳文山編，《臺灣地質概論》（臺北：中華民國地質學會，二〇一六）。

廖秋成，《清水山石灰岩地區植群生態之研究》（臺中：國立中興大學森林系碩士論文，一九七九）。

# 8

# 雲海上盛開的奇蹟之花

## 冰河臺灣與高寒植物

繪圖：黃瀚嶢

「冰河的古流路確實有一種香味，聞到這個香味的時候，人人會陶醉、興奮。發出這種香味的東西是圈谷、堆石堤、冰河擦痕、漂石、羊背石、U字形谷等。地形學上有各種名稱，主要是被厚重的冰層研磨過的圓滑岩肌，以及好像用手掌掬水般，掬起殘雪的手掌形圈谷。秋天，站在萬籟俱寂的山谷，仰望那些懸掛著圈谷的連峰，或者靜坐於山巔將全身沐浴在金橘色的夕照裡，眺望遠方。如果你在高山上聞到這道特殊的冰層氣味，那麼永恆的大自然之美會震撼你的心，讓你肅然起敬。」

——田中薰，《臺灣的山與蕃人》，一九三七年（陳毅青譯）

## ❖ 冰河曾經來過臺灣

「要尋找冰河遺跡，需要特殊的嗅覺！」日籍地理學者田中薰在臺灣高山踏查冰河地形時曾留下這樣的指示。雖然在日本時代已有諸多日本學者認為臺灣高山上留有冰河冰蝕作用的遺跡，但是因為一直缺乏明確的地質證據，譬如冰河擦痕●1的發現，使得亞熱帶臺灣是否曾有冰河一度成為地質學的世紀之爭。事實上，在二十世紀初解決此謎團的關鍵證據尚未出現前，飛躍在大甲溪源頭的銀色鱒魚早已為神祕的遠古冰河提供了最生動，來自生物地理學的啟示。

●1 冰河擦痕（glacial striae）是冰河滑動時磨擦岩壁所產生的痕跡，是地理學家證明冰河曾經存在該地的重要地形證據。

●2 鱒魚泛指一群屬於鮭亞科的溫帶淡水魚，包含了鉤吻鮭屬（*Oncorhynchus*）、鱒屬（*Salmo*）和紅點鮭屬（*Salvelinus*）等三屬的魚種。

●3 臺灣的鱒魚在分類上屬於櫻花鉤吻鮭的臺灣亞種（*Oncorhynchus masu formosanus*），櫻花鉤吻鮭目前主要棲息在日本海一帶的內陸溪流或沿海地區，包含了庫頁島、堪察加半島南部、西伯利亞與韓國東部等地。

●4 臺灣櫻花鉤吻鮭並不是唯一一種因冰河、間冰循環而被陸封的鱒魚，在墨西哥下加利福尼亞半島（Baja California）的派卓瑪蒂爾山（Sierra San Pedro Martir）也有一種被陸封的鉤吻鮭魚類——尼爾森虹鱒，棲息在海拔五百至兩千公尺的溪流中，它們在分類學上是太平洋虹鱒（*Oncorhynchus mykiss*）的一個亞種。

● 武陵農場復育中心的櫻花鉤吻鮭　攝影：柯金源

一九一七年，時任臺灣總督府技師的青木赳雄（Takeo Aoki）在宜蘭一帶調查淡水魚類資源，無意中得知了大甲溪上游的埤亞南鞍部（今思源埡口）棲息著野生鱒魚的消息。一般來說，鱒魚性喜低溫水域（攝氏十到十五度）[2]，通常只出現在溫帶地區，亞熱帶的臺灣理應不該有鱒魚的蹤跡。當時在青木耳中傳聞的夢幻鱒魚，兩年後在美籍魚類學研究者喬登（David Starr Jordan）與日籍動物學者大島正滿（Masamitsu Oshima）執筆的研究報告化為了真實，成為轟動臺日兩地博物學界的奇蹟生物。隨著相關研究開展，臺灣的鱒魚[3]漸漸被確認應是在末次冰河期時，藉著全球海水降溫，從北方溫帶地區拓遷到臺灣沿海一帶並進入島內。此後，因冰河期結束，升高的水溫阻斷了鱒魚洄游入海的路徑，最終成為被陸封於島內特定高山溪流裡的冰河子遺生物。[4]

「人類剛從野獸狀態脫離的年代，臺灣絕不是常夏之島，而是雪片紛飛、極寒氣候刺痛肌膚的地域。這個事實最近被研究冰期學者所證實，既然此處曾經被冰雪所覆蓋，那麼島上有鱒魚棲息，就並非真的是一種不可思議的現象。」

——大島正滿，《泰雅在招手》，一九三五年（楊南郡譯）

## 冰河與冰河地形

冰河（glacier）又稱冰川，是地表上一種長年存在且可移動的巨型天然冰體。冰河常出現在高緯度或高海拔地區，這些地方因為降雪量經常大於融雪量，進而可以不斷累積積雪。當雪層達到一定厚度後，便會被積壓成冰河冰，爾後當冰河冰受到壓力或是重力影響而開始移動，便形成了冰河。

冰河通常可以分為大陸冰河（continental glacier）和山岳冰河（valley glacier）兩大類。大型的大陸冰河也稱作冰蓋（ice sheet），整體外型近圓形，常出現在大陸或高原地區（目前世界最大的冰蓋是南極冰蓋）。由於覆蓋範圍廣大且厚達數千米，移動時能將地表上多數地貌都掩蓋過去。另一方面，山岳冰河則是指發育在高山雪線之上的冰河，其外觀常為舌狀。當高山上形成冰河冰後，其受到重力牽引便會如河流般沿著山谷往低海拔處移動，形成山岳冰河，臺灣高山上曾經存在的冰河便是屬於此一類型。山岳冰河常常可以區分出明顯的積雪區與消融區，後者常生長著獨特的高寒冰緣植物。

發育過冰河的地方，地表常因冰蝕作用（glacier erosion）而產生冰河地形，這些地形在冰河存在時無法觀察，但是當冰河消去，便可做為判斷冰河是否存在過的依據。以山岳冰河來說，常見的冰河地形是角峰、U型谷和冰斗（臺灣根據日文名詞常稱冰斗為圈谷，然而圈谷其實並不完全等於冰斗，其可做為任何具圓弧形狀，呈凹窪狀地形的統稱，譬如河川源頭）。

做為東亞島弧的一員，臺灣最突出的地貌特色便是綿延的高山山脈，兩百多座三千米級的高峰隆生於更新世冰河時代，在島上屹立百萬年，而尋找消失的山岳冰河，就是一個從地質學去探索臺灣高山特色的嘗試。對生物地理學研究者來說，地質學者的嘗試很誘人，因為它從源頭解釋了臺灣這座亞熱帶島嶼的生物相之所以異於鄰近地區的理由。在臺灣，高山與冰河相遇，奇蹟地豐富了這座海島的自然歷史，並將島上的生物推上了一條獨特的演化之路。如今臺灣的高山是許多溫帶生物在東亞島弧上分布的南限，它們在冰河期時，不論是為了逃離冰天雪地還是趁勢拓展分布範圍，最終來到了這塊應許的迦南美地。彼時儘管高山之巔被冰河覆蓋，但是冰河之下的蓊鬱山林，是飄洋躍陸後得以扎根的家園。

## 雪線之下的生存之道

早在臺灣島的高山鱒驚動日本博物學者前，來自玉山的高寒植物（alpine plant）便已為他們帶來了第一波驚奇。一九〇〇年由人類學者鳥居龍藏與森丑之助所採集的一批臺灣高寒植物標本，在抵達東京帝國大學植物學教室後，立刻驚豔了教室裡的一干師生，甚至激起了當年還只是教室裡一位平凡學生早田文藏的濃烈興趣，這批標本開啟了他將臺灣植物研究做為一生志業的心願。

美麗珍奇的高寒植物，很快就成了臺灣總督府向外宣傳臺灣的素材。採自玉

● 本件為臺灣總督府於明治39年（1906）6月17日發行之始政十一年紀念繪葉書。正面圖像為新高山（玉山）水墨畫，背景繪以蝴蝶蘭與兒玉菊，左下角小草即是尼泊爾籟蕭。
圖片來源：國立臺灣歷史博物館館藏

山的尼泊爾籟蕭（又名兒玉菊[5]，*Anaphalis nepalensis*）在一九〇六年同臺灣蝴蝶蘭一起躍上了臺灣總督府始政十一年的紀念繪葉書上，它披著銀色絨毛的植株搭配金黃色的小花，顯得雍容又華貴。同年，森丑之助在第三次玉山採集的旅途中，在海拔三千六百公尺附近發現了臺灣高山的奇蹟之花——玉山薄雪草（*Leontopodium microphyllum*）。菊科的薄雪草屬是一類美麗的高山小草本，它形態上最吸睛的是那一片片叢聚在花序外頭，披著潔白絨毛的總苞片，遠看就像在花朵上灑上一層薄薄的白雪。薄雪草主

● 5　兒玉源太郎（1852-1906），日本殖民時代的第四任臺灣總督。

● 日本時代已有若干日本學者認為臺灣高山上留有冰河冰蝕作用的遺跡，
但是因為一直缺乏明確的地質證據，譬如冰河擦痕的出現，
使得亞熱帶的臺灣高山是否曾有冰河一度成為地質學的世紀之爭。
雪山圈谷　攝影：游旨价

● 尼泊爾籟蕭的表面覆蓋著長短疏密不一的絨毛，
不僅是其植株上美麗的銀色或白色光彩的來源，也有抵禦低溫的妙用。
攝影：游旨价

要分布在歐洲阿爾卑斯山脈、亞洲喜馬拉雅山脈以及太平洋上的日本列島，其中阿爾卑斯薄雪草（*L. alpinum*）又名小白花（edelweiss）●6，因為形象高潔，是許多歐洲人心中永恆的潔白之花。在亞熱帶小島上發現薄雪草，對當時的日本博物學者來說是出乎意料的驚喜。

一直以來，世界各地的高寒植物常因為精巧美麗的形態而被視為奇珍異草，但這些讚賞往往只是片面地反映人們對植物外觀的偏好，卻忽略了這些形態本身可能蘊含的演化之美。事實上高寒植物獨特的外觀形態大都和特定的生理機能有關，每一個留存在植株上的形態都是經過嚴苛環境的篩選，幫助高寒植物得以將寒冷的高海拔惡地轉為可以安棲的樂園。這也是為什麼在研究高寒植物時，研究人員對「高寒」●7二字的理解往往偏重在代表環境條件的「寒」，而不是「高」。

對植物來說，高寒地帶一如沙漠，是一種極端不適生長的環境類型。由於終年低溫，導致體內水

● 薄雪草屬的植物在歐日都是代表純潔永恆的高寒花卉。
亞熱帶的臺灣特產一種玉山薄雪草，其特色在於葉片較其他種類為小。
攝影：游旨价

● 阿爾卑斯薄雪草又名小白花（edelweiss），是瑞士與奧地利兩國的國花。 攝影：胡嘉穎

● 水母雪兔子（*Saussurea medusa*）是橫斷山脈上著名的雪球植物，
植株上光滑的絨毛除了能保暖外，還能彈開多餘的水分，避免植株內部滋生真菌。
攝影：魏來

分容易結冰產生霜害，也因為空氣稀薄，光合作用的效率降低使得生長不易。此外，高寒地帶生長季短且日夜溫差大，加上土壤稀薄、太陽輻射強以及強風肆虐，種種苛刻的生存條件都對植物提出了嚴峻考驗。然而，現實生活中的高寒地帶，只要不是終年被冰雪覆蓋，地表上總有一線生機，有些地方甚至花團錦簇。

為了抵禦低溫，許多高寒植物體表覆蓋著長短、疏密不一的絨毛，在尼泊爾籟蕭與玉山薄雪草等植物上，這些絨毛正是其植株上美麗的銀色或白色光彩的來源。而在一些極端的案例裡，像是在喜馬拉雅山或橫斷山脈某些可以分布到超高海拔（海拔五千米以上）的高寒植物，它們全身幾乎被又長又濃密的銀白絨毛給包覆，外觀上看起來就像是一顆雪球，因而被稱作雪球植物（snowball plant）。有趣的是，研究人員近來從一種叫水母雪兔子（*Saussurea medusa*）[8]的雪球植物上證實，光滑的絨毛除了能保暖外，還能彈開多餘的水分，避免植株內部滋生真菌，而絨毛的顏色也大有學問。水母雪兔子白色的絨毛在白日太陽直射時，有助於反彈掉部分太陽光，避免植株吸收過多的輻射熱而被灼傷，達到調節溫度的功用。

同樣是為了抵禦高山低溫以及劇烈的日溫差變化，另有一些高寒植物將體積縮小，依附著大石或地表群聚而生，最終長成了像是蘚苔一般的模樣，被稱為墊狀植物（cushion plant）。墊狀植物通常具有良好的聚熱和熱量緩衝作用，在晴朗的白天，研究人員發現墊狀植物的表面溫度可以比其他裸露的地表氣溫高出攝氏十到十五度，有效地補充了高寒植物在高寒環境所散失的熱量，並保障了光合作用的進行。此外，墊狀植物能夠有效地吸收和保持水分及養分，讓高寒植物在土壤養分不足的情況下進行高效的光合作用，確保植株幼苗及花芽能順利發育。

在喜馬拉雅山高海拔的酷寒環境裡，還有一種叫作塔黃（*Rheum nobile*）的溫室植物（glasshouse plant）在抵禦低溫的能力上特別著名。這種蓼科大黃屬（*Rheum*）的植物，可以長到一至二米高，它全身植株自頂到底，由逐漸延長的乳黃色半透明苞片一層一層包裹起來，遠看就像是一座高原上的黃色寶塔，因而得名塔黃。由於特殊吸睛的外型，塔黃是植物愛好者前往喜馬拉雅山或橫斷山脈追捧必看的名花。然而塔黃身上的苞片，並非花俏的裝飾，對它的生存與繁衍具有關鍵意義。對塔黃來說，這些層層疊疊的苞片具有如同「溫室」一般的功能。研究人員發現，在晴朗的正午，這座小小的植物溫室，其內部溫度要比同時期的外部環境高出攝

●6 Edelweiss源於德文，由「高貴」與「白色」兩個字根組成，中文譯為「小白花」，中國大陸則翻成雪絨花。小白花也是瑞士與奧地利兩國的國花。

●7 高寒環境，通常是指樹線（tree line）之外，樹木無法正常直立生長的寒冷地區。

●8 雪兔子是菊科青木香屬（*Saussurea*）裡雪兔子亞屬植物的泛稱。雪兔子每個總苞頭狀花序都由若干朵小花組成，而各花序又再組成一個半球形，覆蓋在植株的頂端。每一個花序裡，小花由外向內次第開放，整個植株的花期可以持續半個月以上。開花過程中，暴露出來的部分只有花冠、雄蕊和柱頭，而最關鍵的子房則被總苞、苞葉和絨毛緊緊地包裹起來，避免凍傷。

● 塔黃（*Rheum nobile*）是喜馬拉雅山脈與橫斷山脈著名的溫室植物，
植物愛好者追捧的明星物種。
繪圖：王錦堯

氏十度以上，這使得苞片裡頭的小花得以在適宜的溫度下生長發育，也為塔黃授粉昆蟲的幼蟲提供了一個溫暖的家。

最後，喜馬拉雅山上還有一類比較不為人知，名稱詭異的「垂頭」植物。別懷疑，它們垂頭生長的形態也是長期適應了高寒環境的結果。一般來說，大多數植物的花朵都是直立朝上開放，便於招蜂引蝶。但在太陽輻射強烈且時有強降雨的高山高海拔地帶，向上綻放的花朵會讓花粉受到過量的紫外線和雨水沖刷的傷害，所以這些垂頭植物演化成將花垂下綻放，直接避開這些外在環境造成的威

● 垂頭菊（*Cremanthodium sp.*）垂頭生長的形態是長期適應了高寒環境的結果。將花垂下綻放能夠有效避開高海拔的太陽輻射以及強降雨對花粉的迫害。
攝影：游旨价

脅。另外，研究人員也發現下垂的花序，一如雪球植物的絨毛、溫室植物的小溫室，在晴天時也能夠顯著提升花朵內部的溫度，促進花朵的發育以及種子的成熟。

近年來，高寒植物特殊的生存之道益發被科學界關注，研究者們發現高寒植物形態的功能性其實比想像中複雜。這些各有妙用的形態除了幫助高寒植物應付艱困的物理環境條件，甚至在處理非物理性，也就是生物間的交互作用上亦有妙用。譬如，高寒地帶理論上並不適合昆蟲生存，但是仍有少數昆蟲克服了低溫的挑戰悠遊其中。這些昆蟲一方面為高寒植物授粉傳宗接代，一方面它們的幼蟲卻又以高寒植物珍貴的葉片為食，為高寒植物的生存帶來嚴重威脅。因此，高寒植物也在形態的演化上，找到了和高寒昆蟲合理共存的策略。

有一類生長在橫斷山脈的罌粟科紫堇屬（*Corydalis*）植物——囊距紫堇（*Corydalis benecincta*），它們的葉片演化出奇特的環境隱蔽色，用以躲避昆蟲的迫害，成為研究人員長期關注的對象。在野外觀察裡，研究人員發現囊距紫堇同一個族群內常有兩種顏色的植株，一種具有正常的綠色葉片，而另一種則具有灰色葉片，後者的色彩和棲息地附近的石塊顏色非常相似。經由大量的野外觀察，研究人員發現灰葉的囊距紫堇個體比較能騙過絹蝶母蟲，減低它將蟲卵產在植株附近的機率，進而逃過絹蝶幼蟲的迫害而存活下來。反之，帶有綠色葉片的囊距紫堇因為常被絹蝶母蟲青睞做為產卵點，因而慘遭幼蟲啃食。[9]另一方面，雖然塔黃如寶塔般的苞片能夠幫助授粉昆蟲幼蟲存活，然而在研究人員最近揭示的共生關係細

●9 在進一步的相關研究中，研究人員發現另外一種紫堇屬植物半荷包紫堇（*Corydalis hemidicentra*）會隨著棲息地不同的岩石色彩，改變自己的隱蔽色。研究發現這些在族群內個體顏色變化的比例，會隨著絹蝶取食的強度而增加，顯示當絹蝶對紫堇危害增加時，族群內具環境隱蔽色的個體比例會增加，避免族群的滅絕。

●10 蕈蚊與塔黃之間的共生關係細節如下：與塔黃共生的蕈蚊雌、雄蟲會在塔黃的苞片外交配，之後雌蟲進入苞片，於花間爬行並將卵產入一部分子房裡。這個過程中，雌蕈蚊身上沾附的花粉便可被傳遞到塔黃的柱頭，幫助塔黃完成授粉。而塔黃子房內的蟲卵在種子即將成熟時會孵化為幼蟲，並以部分成熟的塔黃種子為食，完成其發育。之後，幼蟲爬出果實鑽入土壤化蛹越冬，到第二年又羽化為成蟲，開始下一個世代。

節裡發現，原來塔黃會犧牲一部分種子給幫塔黃傳粉的蕈蚊幼蟲，做為它們在溫室裡成長期間的食物來源，而蕈蚊變成成蟲後，則會協助塔黃完成授粉做為回報。[10]

除了與昆蟲之間互動，為了更有效率地在高海拔環境存活，高寒植物彼此之間也有十分有趣的共生關係。譬如墊狀植物致密低矮的奇特形態，雖然主要是

● 橫斷山脈高寒地帶紫堇屬植物（*Corydalis sp.*）的葉片演化出了奇特的環境隱蔽色，用以躲避昆蟲的迫害。
攝影：伊東拓朗

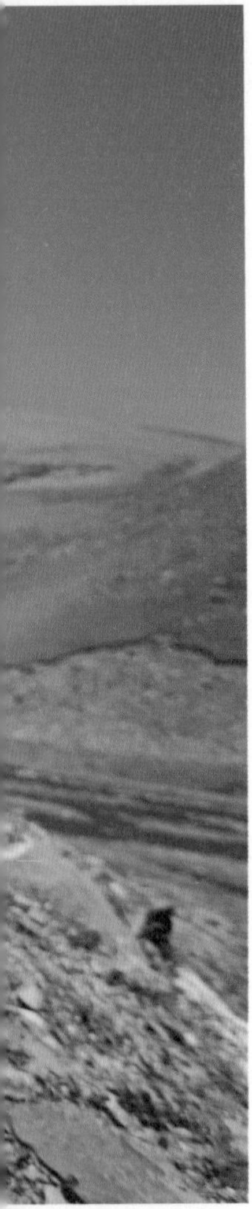

為了幫助植株本身抵禦低溫以及增加水分和養分的吸收，但研究人員發現這種形態其實也間接地對其他高寒植物起到護育的作用（nurse plant）。經過測量，墊狀植物的墊狀結構能小幅度地改善生育地周遭的高山環境，譬如提高溫度、增加表層土壤涵水率、吸收輻射、削弱風速，促進土壤菌根真菌的活動等，將自身的棲息地優化成一個讓其他高寒植物也能棲息的狀態，間接維持了高寒植物的物種多樣性。由於具有這種能對其他植物產生正向相互影響的能力，讓有些研究人員將墊狀植物暱稱為「高山的生態工程師」。

## ❖ 深入雪線的繽紛生命

在冰雪中仍能花開燦爛，高寒植物往往予人純潔、堅忍不拔的意象。然而，為了在嚴酷的高山中存活下來，每種高寒植物都必須具備一套適應策略，這些令人驚異的習性，成為地球生物演化歷史上一頁頁華美的段落。

雖然高寒植物似乎總讓人感覺很稀有，但全球高寒植物的整體數量可能會讓人大吃一驚。從全世界主要的高寒生態系（alpine ecosystem）●11來估計，全球大概

●11 高寒生態系是全球最高的陸域生態系，其主要出現在地表高山樹線之上、雪線以下的地區，在各大洲主要高山系統上皆有分布。

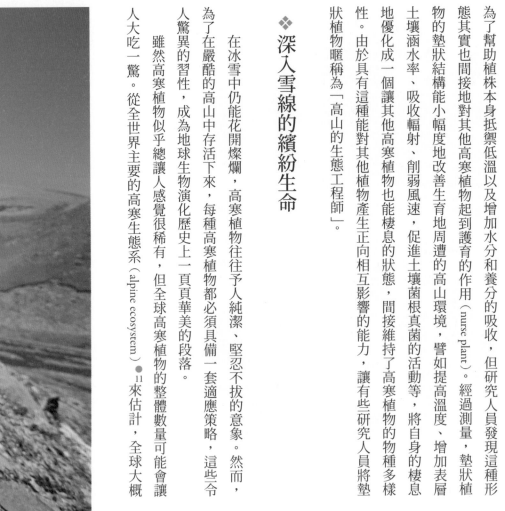

● 墊狀植物將體積縮小，依附著大石或地表群聚而生，最終長成了像是蘚苔一般的模樣。
雪靈芝屬植物（*Arenaria sp.*） 攝影：魏來

● 橫斷山冰湖　攝影：游旨价

有近一萬種高寒植物。若單就植物多樣性而言，可能比熱帶雨林要少，但是從生態獨特性來看，卻不比熱帶雨林遜色。目前高寒植物種類最多的地方出現在南美洲的帕拉莫（Páramos）高寒生態系，這個在許多植物學家心中的科研夢幻天堂，地質史上屬於較近期隆起的北安地斯山塊。坐落在總面積跟臺灣差不多大小的高海拔地帶，超過三千四百多種的高寒植物被植物學家們報導。而僅次於帕拉莫的是位於中國大陸西部的橫斷山脈高寒生態系，目前文獻記載有近三千種高寒植物。由於橫斷山脈範圍廣大（近百萬平方公里），植物科學調查起步較晚，因此實際的物種數目仍在持續增加，極有可能在不久的未來會超過帕拉莫，成為全球高寒植物的多樣性中心。另一方面，現代高寒植物研究的發源地歐洲阿爾卑斯山地區則有約七百種，而我們生活的臺灣島，雖然地質年代相較年輕，面積也小，但因為生物地理歷史複雜，也擁有大概兩百餘種的高寒植物。

究竟全球高寒植物是如何演化出這麼多不同的種類的？它們之間又有怎樣的交流？由於高寒植物的研究取樣困難（登山是一種專業技能！），在植物學領域

## 橫斷山脈簡介

橫斷山脈當中「橫斷」一字的起源仍未有定論。二十世紀末，中國地理學者李炳元根據地質構造和地貌形態，首次為中國橫斷山脈的範圍與特徵做了較為明確的定義。在李氏的界定裡，橫斷山脈橫跨四川西部、雲南北部、西藏東部和青海南部，由一系列南北平行分布，垂直落差極大的山脈組成，其中某些峽谷高差可達兩千五百公尺以上。但若是以廣義橫斷山脈的概念來看的話，喜馬拉雅山東緣、大小涼山等處也可以被納入橫斷山脈的範圍。

在這片將近一百萬平方公里的高山峽谷裡，聳立著一座座海拔超過四千公尺的高峰，最高峰貢嘎山主峰更是高達七五五六公尺。發現東非大裂谷的蘇格蘭地質學家格列高里（Walter Gregory）曾在著作中將橫斷山脈稱為中國的阿爾卑斯，而在許多西方探索者眼中，這裡是失落的樂園香格里拉的所在。十九世紀下半葉，西方園林陸續派遣植物獵人來到橫斷山脈調查植物資源，他們在這裡發現了大量奇麗的花草樹木，諸多植物被引介到了西方，成為園林裡不衰的東方風潮，橫斷山脈也因而被稱作西方花園的家鄉。

過往橫斷山脈往往做為泛喜馬拉雅山的一部分，其自然歷史經常被併入喜馬拉雅山一起討論。然而愈來愈多地質學和生物學的證據顯示，橫斷山脈具有獨自的地理特徵以及生物演化歷史，尤其在生物多樣性上，更是熱點（喜馬拉雅山）中的熱點（橫斷山脈）。

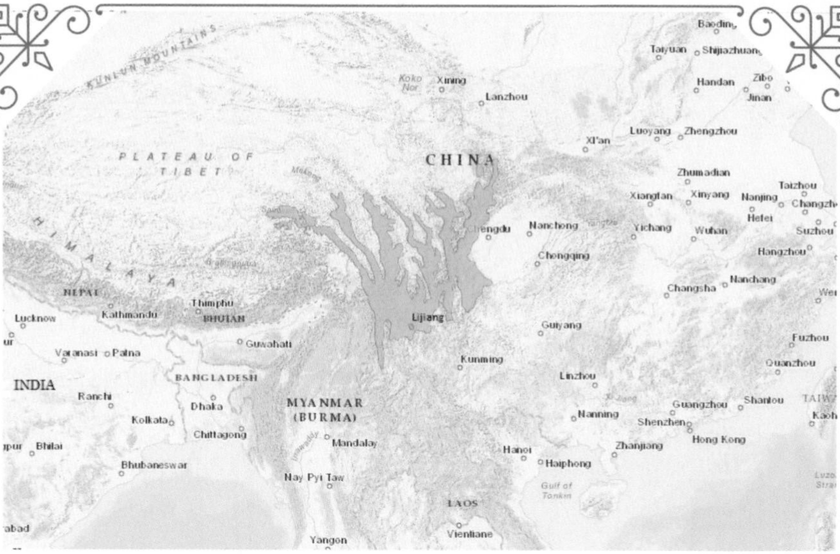

● 橫斷山脈高海拔地區分布圖，依據針葉樹的分布推估而得。

原圖名稱：Italiano: Ecoregione Global 200 - Foreste di conifere dei Monti Hengduan Shan

原圖作者：Mario1952　@Wikimedia commons

裡進展相對比較緩慢，但是在許多案例的積累下，科學家們對這些問題逐漸有了階段性的答案。

一地高寒生態系裡高寒植物的起源，主要可以經由就地種化（in situ speciation）、本地匯集（local recruitment）和他處拓殖（colonization）這三類演化過程產生。其中，「他處」拓殖指的是從鄰近的高山生態系傳播而來；「本地」匯集是指同一座高山上，較低海拔的植物通過在海拔上的逐步適應，最終成功進入了高寒環境成為高寒植物；而「就地」種化則是指高寒植物本身持續在自身的高寒棲息地上演化，產生新的物種。藉由親緣關係重建[12]以及DNA定年分析[13]，研究人員已經可以評測特定高山其高寒植物來源的比例。對大部分高山而言，這三種來源對高山植物多樣性的組成基本上都有或多或少的貢獻，然而隨著各地高山在地理位置以及地質年齡上的差異，這些過程的貢獻程度也會因此有差異。通常地質年代愈年輕的高山，其高寒植物大多是由附近其他高山系統傳播而來（他處拓殖），而地質年代較古老的高山，如果不曾經歷過大規模的滅絕事件的話，本地匯集或就地種化的比例就會高一些。

馬來西亞神山（Mt. Kinabalu）以四〇九五米的海拔孤傲地聳立在雨林密布的婆羅洲上，在熱帶的極天之境閃耀著花崗岩的潔白光輝。地質史上，神山是一座年輕的孤峰，它約在兩百多萬年前因火山噴發而劇烈隆起到現今的高度。由於位處熱帶，因而像臺灣一般具有完整的海拔氣候分帶，孕育了世人注目的高寒生物多樣性，也成為亞洲近代研究高寒生物多樣性的重鎮。為了瞭解神山高寒生物多樣性的起源，科學家們取樣了不同的生物類群（包含鳥類、兩棲類與植物等），從DNA追溯它們的演化歷史，結果發現大多數取樣的生物，起源時間都比神山年輕，也就是從他處拓殖而來的比例較高，僅有少數是通過就地種化或本地匯集的過程而產生的。儘管如此，在另一個針對神山穗花蘭屬（*Dendrochilum*）的研究裡，研究人員卻發現大部分特有的穗花蘭，都是源於婆羅洲本地低海拔的蘭花種類，凸顯了以本地匯集為主要過程的演化歷史。

在中國大陸，橫斷山脈與臨近的青藏高原與東喜馬拉雅山區，由於不斷增加的物種多樣性而逐漸成為全球新興的高寒植物研究熱點。科學家們從十多年前便開始廣泛蒐集本區的高寒生態特徵種或是特有物種，研究它們各自的親緣關係，如今終於積累了一定的研究成果，得以執行一些較全面的比較分析。藉由探討生物地理歷史起源、演化速率，科學家們亟欲瞭解上述三種高寒植物演化過程，各

● 12 親緣關係重建可以幫助研究者瞭解其關注的高山植物可能是自哪裡或哪類植物起源而來。

● 13 DNA 分子定年分析可以讓研究者瞭解研究對象大概是在什麼時候和姊妹物種分開，而這個分開的時間，可以用來做為推測植物起源年代的參考。

自對橫斷山脈、青藏高原和東喜馬拉雅山區等地的高寒植物多樣性的影響。有趣的是，他們發現自橫斷山脈在約八百萬年前（晚中新世）劇烈隆升後，經由就地種化產生的物種便開始明顯增加，其比例逐漸超過從他處拓殖而來的種類，因而整體上大幅度增加了整個山區的物種多樣性。反觀青藏高原和東喜馬拉雅山區的高寒植物，自橫斷山脈隆升以來，其物種多樣性的增加一直只與從他處拓殖的過程有關，缺少了就地種化過程的參與，而這樣的差異，讓這些山區或高原的高寒植物多樣性較橫斷山脈為低。

不論起源的過程為何，從已有的研究案例裡，研究人員發現高寒植物另一項演化的特色，就是很多現生的高寒植物可能都誕生在過去三到八百萬年內。這個年齡從人類的視角來看或許很悠久，但從生物演化的宏觀尺度來看，卻是一個頗為年輕的歲數。更讓人驚訝的是，如果在不考量物種滅絕的情況下[14]，大多數高寒植物的多樣性都是經由快速分化（rapid diversification）的模式所產生的。也就是說許多高寒植物的祖先在與姊妹群的共同祖先分開後，在三至八百萬年內就從一個祖先物種大量分化成數十甚至到數百個新物種。

從文獻的爬梳中可以發現，「快速分化」雖然不是高寒植物專屬的演化模式，但卻是許多多樣性特別高的高寒植物必經的一段過程。然而，植物快速分化是如何發生的？從宏觀演化的尺度來看，植物快速分化的開端通常涉及了「關鍵」性狀（key trait）的參與，以及伴隨而來的演化契機。這個稱為「關鍵」的性狀形式多

[14] 在多數生物多樣性起源與分化的研究裡，與物種滅絕有關的議題仍是待突破的科學瓶頸。這是因為物種滅絕的情況僅能從化石資料來推斷，但化石資料本質上十分珍稀，且在不同的時空尺度裡的分布亦相對零散，導致科學家對物種滅絕的理解困難。目前在做相關研究時，僅能忽略物種滅絕的可能影響，或是以有限的資料，經由數學模型來推估物種滅絕的速率或相關分析所需的參數。

變，可以是某種獨特的外在形態、某種生理機制的調整，甚或是基因層次上的轉變。這些關鍵性狀其中有些是屬於「嶄新」(novel)的性狀，所謂的「嶄新」是一個相對的形容，用來說明這個性狀不曾出現在其祖先或是姊妹類群裡。它的出現，如果沒有對生物本身造成危害，有時可能會讓具備它的生物取得新的環境適應能力，因而獲得新的演化契機。以高寒植物來說，前面提過的溫室結構、墊狀生長型或垂頭花序，不僅都是其較低海拔的祖先不曾出現過的嶄新性狀，也對具備該性狀的高寒植物提供了在高寒地帶演化的開端。

有些關鍵性狀屬於「先適應」(pre-adapted)的性狀，它們的出現通常不見得是為了適應高寒環境，但是卻在高寒地帶裡巧合地另有妙用。也因此，具有這些先適應性狀的中低海拔植物，往往比其他植物更有機會演化成高寒植物。譬如，科學家們藉由野外觀察，發現大多數的高寒植物都是「多年生」和具有「落葉性」，因此這組與植物生理有關的基本性狀就很有可能是所謂的先適應的關鍵性狀，讓具備的植物像是先打好底子，彷彿「預先」就具備了應付高寒地帶的極短生長季以及極寒冬季的能力。類似的基本性狀還有「肉質或木質的長直根」和「兩性花[15]」，前者因為能夠穿行在高山礫石縫間，幫助牢固植株，並擴大吸收水分和營養的面積，因而協助植物在高山生存；後者則讓高寒植物在高山授粉昆蟲稀少或缺乏的條件下，可以靠著自交達到繁殖成功的保障。

15 一朵花若是同時具有雄蕊和雌蕊就是兩性花(bisexual flower)，反之，缺一則稱作單性花(unisexual flower)。

## 哪裡的高山

「我跟一般人一樣，對喜馬拉雅山區有強烈的憧憬，期待將來有一天前往那裡踏查。……那裡有高逾一萬數千尺的山連綿，不但有豐富的生物，而且有多采多姿的蕃人生活點綴於其間。從熱帶低地通過溼潤的原生林，爬到廣大的針葉樹林帶，繼續爬升到光是高山杜鵑就有幾十種，種類居世界之冠的灌木帶，然後進入草原帶，綜覽各種高山植物盛開嬌豔花朵的迷人世界。其上有冰河高懸於岩雪峰下，映照出崇高的銀色光芒。

每當我登上玉山或是臺灣其他高山，仔細觀察臺灣高山特異的地質構造與地形，觀察森林帶的垂直配置、高山杜鵑，以及其他的高山野花、鳥類和蝶類，都不免想起喜馬拉雅山系的地質、地形與生物相，覺得彼此有共同的性質與屬種，並非偶然。看到臺灣林鳥的飛翔和蝴蝶閃亮的羽色，喚起我對喜馬拉雅山系的幻想。廣義地說，喜馬拉雅山的褶皺特性也支配著臺灣島的高山。此外，臺灣高山頂的生物，是曾經於某一個地質年代從喜馬拉雅山區及中國大陸西南高山地區移入的。換句話說，實質上是一個高山島的臺灣，可以說是喜馬拉雅山的雛形。我不禁感嘆，造化之神竟然在南海之上，創造了一座微形的喜馬拉雅山。」

——鹿野忠雄，《山、雲與番人》，一九四一年[16]

●16 鹿野於1941年6月26日的手記。在《山、雲與蕃人：臺灣高山紀行》一書中，是以〈玉山雜記－玉山地方山與住民的關係〉一文呈現。

一生摯愛臺灣高山的鹿野忠雄，始終沒有完成去喜馬拉雅山踏查的夢想。太平洋戰爭的無常，無情地中止了鹿野在臺灣島的博物學研究。一九四四年在某次受日本陸軍委派的民族調查行動中，鹿野就此消失在北婆羅洲的叢林裡，成為人們口中那位忘記回來的博物學者。

當我第一次踏上青藏高原時，世界屋脊的大地是如此遼闊蒼茫，不見些許綠意。我站在高原面眺南方想著，那喜馬拉雅山呢？巍峨潔白的雪峰之下是否真有博物學家們視為生態祕境的濃密森林，裡面又是否真如傳聞般有和臺灣島間斷分布的植物？

二〇一一年當我走下高原，抵達了喜馬拉雅山腰的樟木鎮，海拔二千三百多公尺的小鎮就建在陡峭的山豁邊上，只見一旁公路順著一個一個之字在白雲繚繞的山壁上蜿蜒著。我跟著中國科學院北京植物所的科學考察隊在一旁的林子裡尋找喜馬拉雅山特有的植物，但是不斷吸引我目光的卻是許多形態上和臺灣中海拔雲霧林中相似的植物。落新婦（*Astilbe*）、秋海棠（*Begonia*）、肺形草（*Tripterospermum*）、莢迷（*Viburnum*），甚至是我自己研究的小檗。「竟然是真的吶」，當時我心中又驚又喜，深深體會到許多西方博物學者在東方冒險時，看見那些令人「思鄉」的溫帶植物時的五味雜陳。然而在折返青藏高原的途中，我找了機會細細觀察那些喜馬拉雅山樹線之上的高寒植物，發現儘管還是認得出許多植物的屬，但卻沒有如樟木鎮般，真有許多與臺灣外形相像的種類。甚至，由於喜馬拉雅山的高寒植物多樣性遠遠高於臺灣高山，因此更多是我不認得的，得一一比對圖鑑才能知曉身分。

太平洋之上的小喜馬拉雅，是鹿野忠雄在心中為臺灣高山塑造的學術想像，化作文字深植在我心裡。而臺灣高寒植物與喜馬拉雅山之間的科學連結早在一九〇八年就出現在早田文藏的作品裡，當時鹿野忠雄還只是一位兩歲童子。早田寫作當時沒有明確定義何謂高寒植物，但是在他統計的臺灣高山植物中，有大約百分之二十五被認為與喜馬拉雅山的種類最近緣。一個世紀過去了，隨著各地植物

● 樟木藏語稱「塔覺嘎布」，為「鄰近的口岸」之意，樟木鎮位於喜馬拉雅山南麓溝谷坡地上，是中國大陸與尼泊爾交界的口岸。2015年毀於尼泊爾大震，目前已成空城，據稱正在復建中。
攝影：游旨价

調查工作的積累，一本本植物誌和植物名錄相繼出版，植物地理學研究的廣度與深度早已超越早田與鹿野的時代。如今，很多在日本時代被認為是臺灣特有的高寒植物都被發現在橫斷山脈也有分布，而獨獨在喜馬拉雅山缺席。這個事實也呼應了長久以來，自己在心中醞釀的一個想法，這些年多次前往四川和雲南境內的橫斷山脈，在高山與河谷間梭遊尋訪植物，山山水水之間，我始終難忘多年前在樟木鎮的體會。若說臺灣的高寒植物與喜馬拉雅相近，也許並不正確，兩地相近的可能不是高寒植物，反而是那些中海拔森林裡的物種。

在東亞，偉大的喜馬拉雅山享全球盛名，相較之下橫斷山脈就彷彿一直蒙著一層神祕面紗。雖然西方博物學者對橫斷山脈植物的探索可以追溯至十九世紀初，但真正的進展，得一直要等到十九世紀末一批特別活躍的法國傳教士的到來。這些法國人藉著通行特權深入雲南、四川甚至是西藏東緣[17]等地，用不遜於傳遞福音的熱忱，幾近瘋狂地採集了豐富且多樣的植物標本，終為世界打開了認識橫斷山脈植物的大門。其中，我想又以賴神甫（Pere Jean Marie Delavay）的故事最值得一書。[18]這位視雲南大理為第二家鄉的神父，用盡整個青春，信守與巴黎自然史博物館的承諾，在傳教之餘竭力蒐羅和採集橫斷山脈、尤其是大理一帶的植物標本。他在一八八二至一八九二的十年間，將近二十萬份標本寄回巴黎，至今都還未能全數被研究人員參透。這些標本製作精美，深具科學價值，足以做為巴黎自然史博物館植物標本館的鎮館之寶，見證橫斷山脈植物學時代

17 十九世紀，博物學的成果常被西方強權用來做為國力的展現，當時以四川和雲南為據點的法國傳教士為了不讓英國的博物學者專美於前，特別熱衷於生物標本的製作與採集。藉由傳教會佈道區的合法化，法國傳教士進一步也合法化了自己的採集行為，並藉傳教名目進入一些較為封閉的地區（像是西藏東緣地帶），蒐集各種自然資源和相關情報。

18 賴神甫的標本包含了超過六千個植物種類，近一千五百個新種，其中快五百份做為模式標本。

的開啟。

到了二十一世紀，高山對於科學的阻礙仍然未減，影響著我們對於高山基本地質、地理的認知。在生物地理學裡，許多人仍籠統地將橫斷山脈與喜馬拉雅山合併討論，兩大山脈雖然誕生的地質成因相似，都是因為印度大陸板塊北移，撞擊歐亞大陸板塊後被推擠而出的產物，但若要細究歷史，它們不僅地理位置不同，海拔隆升的過程也相異，自然在高寒植物類群的起源和多樣性積累的過程也不太一樣。事實上，這樣的區分對於釐清臺灣高寒植物的起源十分重要。和世界各大高山山脈的地質史相比，臺灣的高山年輕，範圍又狹小，理論上並不具有足夠長的時空尺度可以積累較高的物種多樣性，也就是說，臺灣的高寒植物就地種化和本地匯集的比例應該比較少，經由他處拓殖而來的比例會比較高。這個假設也是為什麼，去深究「他處」究竟是指哪些地方，一直都是追溯臺灣高寒植物自然歷史的一個關鍵環節，不論是早田文藏或是鹿野忠雄都在試圖為臺灣的高寒生物指出一個原鄉。可惜的是，如今臺灣高寒植物的生物地理學研究進展十分緩慢，關於多數物種生物地理起源地的推斷大抵都是基於形態之間的相似性，甚少經過DNA分析的檢測，因此仍有許多不確定之處。

臺灣高寒植物在生物地理學研究上所遭遇的困難，首先可能與高寒植物的採樣有關。臺灣島的高山就像一座驛站，匯集了來自四方的高寒植物譜系，為了探究真正的起源地是哪裡，意味著得盡可能地將臺灣四周可能的高寒生態系都納入

● 當我們在冰河的古流路上探索高山植物的身世，揭示它們和世界各地高山之間的連結，我們會發現，臺灣的高山它哪裡的高山都不是，它就只是它自己。在冰河的往復之中，迎接來自他方的旅者，創生自己的後代，在島嶼上留下了獨一無二的歷史。

臺灣最高峰——玉山主峰 3952 公尺　攝影：游旨价

取樣的範圍。然而世界各地的高山大多都是一種難以親近的存在，並不是所有的研究人員都有能力前往高寒地帶取樣，而每個國家對於植物採樣也都有各自的規範，要到他國合法取樣通常得通過國際合作的管道，以上種種因素讓這樣的研究變得複雜且難以執行。另一方面，由於臺灣島的地質年齡較為年輕，因此臺灣的高寒植物與近緣姊妹種或是祖先族群間的分化程度，從生物演化的尺度上來看通常也比較低，這會導致一些以往常用的DNA分析方法無法順利檢測出兩者間的遺傳差異，使得親緣關係無法被合理解析，進而阻礙了生物地理起源地的推估。

推斷臺灣整體高寒植物相的起源至今仍是十分困難的工作，回到一個世紀

前，對於鹿野忠雄那一代的博物學者來說，這個工作肯定更為艱辛。在那個資訊流通不便的年代，他們只能靠著僅有的文獻，以及詳盡的觀察與比較，在世界的角落中尋找到喜馬拉雅，這個和臺灣高寒植物之間最靠近的原鄉。最後，不論如何，真正的臺灣高山也許不是鹿野心中的喜馬拉雅，亦不是我心中的橫斷。當我們在冰河的古流路上一步一步探索高山植物的身世，揭示它們和世界各地高山之間的連結，因而知曉了臺灣高寒植物的特色之後，我們會發現，臺灣的高山它哪裡的高山都不是，它就只是它自己。在冰河的往復之中，迎接來自他方的旅者，創生自己的後代，在島嶼上留下了獨一無二的歷史。

**參考文獻**

Chen, J., Schöb, C., Zhuo, Z., Gong, Q., Li, X., Yang, Y., Li, Zi., Sun, H. (2016) Cushion plants can have a positive effect on diversity at high elevations in the Himalayan Hengduan Mountains. *Journal of Vegetation Science* 26(4): 768-777.

Donoghue, M. J., Sanderson, M. J. (2015) Confluence, synnovation, and depauperons in plant diversification. *New Phytologist* 207(2): 260-274.

Körner, C. (2003) *Alpine plant life: functional plant ecology of high mountain ecosystems,* 2nd ed. Springer-Verlag, Berlin, Germany.

Madriñán, S., Cortés, A. J., Richardson, J. E. (2013) Páramo is the world's fastest evolving and coolest biodiversity hotspot. *Frontiers in Genetics* 4: 192.

Niu, Y., Chen, G., Peng, D. L., Song, B., Yang, Y., Li, Z. M., Sun, H. (2014) Grey leaves in an alpine plant: a cryptic colouration to avoid attack? *New Phytologist* 203(3): 953-963.

Song, B., Chen, G., Stöcklin, J., Peng, D. L., Niu, Y., Li, Z. M., Sun, H. (2014) A new pollinating seed-consuming mutualism between *Rheum* nobile and a fly fungus gnat, *Bradysia* sp., involving pollinator attraction by a specific floral compound. *New Phytologist* 203(4): 1109-1118.

Spicer, R. A. (2017) Tibet, the Himalaya, Asian monsoons and biodiversity – In what ways are they related? *Plant Diversity* 39(5): 233-244.

Su, T., Farnsworth, A., Spicer1, R. A., Huang, J., Wu, F.-X., Liu, J., Li, S.-F., Xing, Y.-W., Huang, Y.-J., Deng, W. Y. D., Tang, H., Xu, C.-L., Zhao, F., Srivastava, G., Valdes, P. J., Deng, T., Zhou, Z. K. (2019) No high Tibetan Plateau until the Neogene. *Science Advances* 5(3): eaav2189.

Todd, J., Beryl, B., Simpson, B. (2001) Origin of high-elevation *Dendrochilum* species (Orchidaceae) endemic to Mount Kinabalu, Sabah, Malaysia. *Systematic Botany* 26(3): 658-669.

Vincent, S. F. T. & al. (2015) Evolution of endemism on a young tropical mountain. *Nature* 524: 347-350.

Xing, Y. W., Ree, R. H. (2017) Uplift-driven diversification in the Hengduan Mountains, a temperate biodiversity hotspot. *Proceedings of the National Academy of Sciences of the United States of America* 14 (17): E3444-E3451.

Yang, Y., Chen1, J., Song, B., Niu, Y., Peng, D., Zhang, J., Deng, T., Luo, D., Ma, X., Zhou, Z., Sun, H. (2019) Advances in the studies of plant diversity and ecological adaptation in the subnival ecosystem of the Qinghai-Tibet Plateau. *Chinese Science Bulletin* 64(7): 2856-2864.

鹿野忠雄著，楊南郡譯，《山、雲與蕃人：臺灣高山紀行》（臺北：玉山社，二〇〇〇）。

## 後記
# 喜馬拉雅的藍罌粟

於是我從車行中的淺寐醒了過來，發現自己竟然和窗外湛藍的天空那麼靠近。雖是盛夏的亭午時刻，但高寒地帶的空氣依然冰冽，我抓起羽絨衣跳下吉普車，眼前青翠的山坡上，一株藍色罌粟花綻放在遠處的岩角上，就像是天上蒼穹落入人間的一小塊碎片……

二〇一五年某個夏天的晚上，我在筑波植物園植物研究部的辦公室，聽著友人伊東君（伊東拓朗）興奮地跟我說，他入選了植物園來年夏天去不丹採集喜馬拉雅藍色罌粟花的計畫。「喜馬拉雅的藍色罌粟花？」我好奇地問，只見他滑開手機，迅速在網路上搜尋了幾張圖片給我。有別於印象中的罌粟大都是紅或黃這類明豔的色彩，圖片上的花朵卻泛著一種奇特的藍色。伊東君指著某張圖片上「幻の藍」的字樣對我說，這花的藍是人類複製不出來魔法般的顏色，也是喜馬拉雅藍罌粟這種高寒植物維繫生命所需的顏色。二〇一九年筑波植物園的藍罌粟研究成果顯示，喜馬拉雅藍罌粟的「幻の藍」源於花瓣裡多種獨特的花色素苷和黃酮醇成分，這些化合物不僅能使花色豔麗吸引授粉昆蟲，更有利於植物抵抗高寒地帶的紫外線。

二〇一七年王梵學姊在《臺灣山岳》雜誌讀到了我寫的一個專題，是從植物地理學的角度去重新解讀百岳價值的一篇文章。她很感興趣，透過了指導教授鍾國芳老師聯絡上了我。當時正是等待入伍前的空檔，我帶著一份草擬的書綱走進出版社，莊瑞琳總編輯和王梵學姊就是在那裡鼓勵我寫第一本書。其實聽到這個建議時，第一個閃過我腦海的事物就是喜馬拉雅的藍罌粟。我一直對筑波植物園的那個夜晚印象深刻。儘管我早就知道伊東君是一個植物癡，但是我對於他為什麼可以對遙遠異地的植物這麼熟悉而感到困惑。他的這份熟悉不只是針對植物外觀，也包含植物演化的奧祕，伊東君正是從這樣的體悟中引發了自身對植物濃烈的情感。我記得他跟我說，他從小就是跟著《週刊朝日百科——植物的世界》這類雜誌，認識了世界的植物。想想每次自己到日本旅行時，總會忍不住到各家書店蒐集精美的圖鑑，或是買一堆有看沒有懂的植物科普書，心中相當欣羨為什麼日本人這麼幸福、可以有這麼豐富多樣的母語書籍可以看。臺灣書市雖然不乏植物科普書，但大多是翻譯作品，並不是專門為本地讀者設計而撰寫的，因此讀起來總帶有一份距離感。我佩服日本科普書多是為日本讀者而寫，由大學教授或是年輕的學院助教、甚至是愛好者團體擔任引路人，針對各式各樣的主題，為普羅

● 喜馬拉雅的藍罌粟（Himalayan blue poppy）泛指罌粟科綠絨蒿屬裡十餘種具藍色花瓣的種類
攝影：游旨价

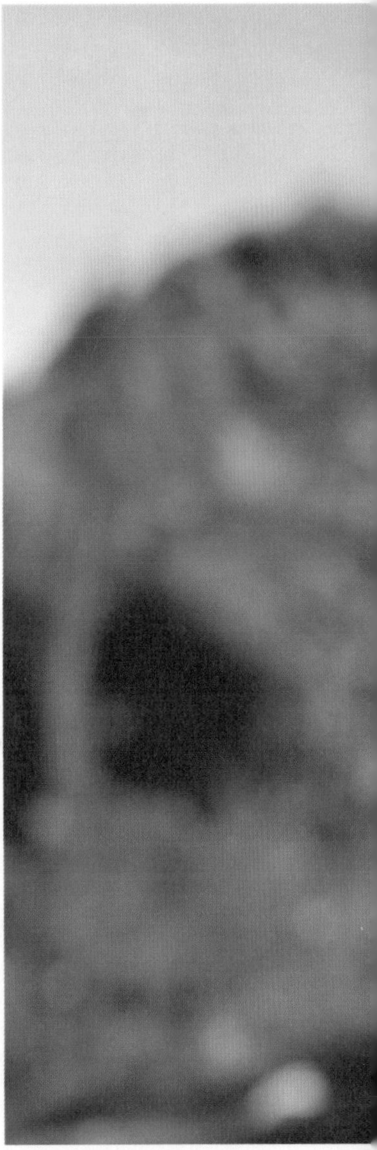

大眾羅列寰宇各處的現象與知識。

打開二〇一八年一月時的一封電子郵件，王梵學姊寫道：「……期待你在（服兵役）這個轉折的時機點，可以真正寫出自我感情並結合專業的作品。」重新讀這段話，它仍像是有一股魔力般讓我產生了想寫書的動力。然而在成書的過程裡，我卻不斷思索著，什麼是我的專業？

也許與此有關的一切可以追溯到十五年前的森林系，那個正坐在蘇鴻傑老師植物地理學課堂裡的自己。彼時大一的我之所以會選修這堂課，純粹只是覺得課程名稱有趣。我好奇為什麼「植物」和「地理」兩個字結合起來，竟然可以變成一門大學課表上的「專業」課程？雖然直到學期結束，因為課程內容相較艱深，我似乎一直都沒有得到答案。甚至期末，我除了收穫了一個普通的分數，以及厚厚一疊講義之外，似乎什麼都沒留下。然而，有趣的是，課程名稱裡「地理」一詞，並沒有跟著學期的結束而離去，反而深深地走入了我的人生。

我參加了登山社，一個教導我如何探索大地，穿越空間的社團。在登山社的學習裡，我第一個體悟是臺灣這座島並不小，如果把層層疊疊的山地也算入的話，臺灣其實很深，很寬闊。整個大學四年，儘管每年都已經花兩三個月的時間在山裡闖蕩，但是沒去過的景點、想探勘的地點卻似乎沒有減少。島上的山若只是獻上一個青春是走不完的，大學畢業時我在心裡如此覺悟。然而卻也是在這個時刻，當年植物地理學中的另外一個字——「植物」找上了我。誠實說來，我並不是一個從小就對植物感興趣的人，生物世界裡，曾經鳥類和甲蟲才是我的摯愛。而森林系也並不是一個只專注在植物的系所，它的範疇包含了整座森林，所以大學四年，除了「樹木學」需要跟植物認真相處之外，其他時刻我總有辦法可以只把它們當作一團綠色的東西看待。原本研究所打算要以鳥類做為研究題材的，卻因緣際會地從鍾老師手中接下了一類高山植物的分類學工作，從此開始培養起對植物的喜愛。

然而事實上，這個過程剛開始時，那諸多植物愛好者迷戀的「形態多樣性」反而成為我的夢魘，這尤其可以反映在我研究的植物——小檗身上。小檗的形態有著諸多彷彿沒有規律的變化，該怎麼將它們分類一直令我十分困擾。然而，也許是因為登山社養成看地圖的習慣，煩躁之餘我開始留意起植物的分布地，竟漸漸從中發現植物另一種與形態無關的多樣性，也就是在「地理」分布上的變化。簡單來說，植物呈現出的分布格局著實令我驚嘆，它們有些是泛熱帶分布，有些卻只局限在某個奇怪小島上，有些居然間斷在不同的大陸上，為什麼？我這才真切理解植物雖然不是動物，但不代表它們是不「動」之物，植物種實被傳播的能力十分傑出，而隨之產生的分布樣式竟是如此饒富趣味。比起分類植物的形態，我似乎更著迷於去歸類植物的分布格局。

往後，我學習了以親緣關係和地球歷史來解析不同分布區植物間的關聯，並在這個過程裡，無意中走入一個超越當下，橫跨不同尺度的恢宏時光。在其中，我陪伴一種植物走過誕生與滅絕，我也想像它們種實傳播的旅程，我更在其中遇見了早我許多時代的偉大博物學者，他們一生不曾停歇，不斷叩問著植物世界的前世今生。原來，我的植物地理學課程並沒有在十五年前結束，反而在之後的人生裡，我仍持續在修習著。而當年平凡的分數也許也並不是最後的驗收，反而是手中正在執筆撰寫的這本書。於是，植物地理學，這門結合了地理與植物的學問似乎就這麼成為了我的專業。然而寫書時，每當我回顧起兩百年來曾在這領域耕耘與探索的博物學者與科學家，我就又覺得自己不能稱為專業。一來我走的沒有他們那麼多，二來想的沒有他們廣。但是，我很高興植物地理學讓我喜歡上了植物。如今我對植物的形態不再有當時的恐懼，反而更明白它們和分布格局之間，有著如何微妙的關聯。

二〇一七年的夏末，我在四川折多山埡口見到了生命中最美麗的一株喜馬拉雅藍罌粟。回憶與它相遇的一路因緣，從研究小檗，到在意起植物的分布地，

●用自己的雙腳走過世界，用自己的雙眼見證萬物之間的連結。
加州約書亞樹國家公園　攝影：伊東拓朗

因而結識了志趣相投、來自西雙版納熱帶植物園的友人，最後在彼此努力的計劃下，終於來到了橫斷山脈上的折多山。而若是沒有認識伊東君，我想我看不懂那株喜馬拉雅藍罌粟的美。我願此書能為所有對植物之間的連結有興趣的朋友提供一個平臺，在自己的家鄉，用自己熟悉的語言，認識本地植物，並且透過生物地理學的連結，藉由想像環遊世界，探索異鄉未知的植物。

本書能夠順利付梓，要感謝春山出版社、兩位繪者和設計。謝謝給予機會並鼓勵我寫作的莊瑞琳總編輯，以及為本書付出極大心力的王梵編輯。謝謝為我寫推薦序的中村剛博士、洪廣冀老師和鍾國芳老師，特別是鍾老師對我的包容。感謝所有審訂老師、推薦人、好朋友們為我勘誤並訂正文章。謝謝父母親與弟弟對我一路的支持。本書若有錯訛，還望讀者見諒並不吝指正。

（二〇二〇，雲南西雙版納）

# 重要名詞解釋

## ❖ 系統分類學部分

**內群**（ingroup）：研究者在研究生物親緣關係時所關注的目標類群。

**分叉圖**（cladogram）：僅用來表示分類群間關係的樹狀分叉圖。

**分子鐘理論**（molecular clock）：由於DNA分子會以一定的速率突變，因此假如DNA分子突變速率可以由數學模型推估，那麼兩個演化譜系群自共同祖先分化的時間長短可經由模型從DNA鹼基的變化量推得。

**分支演化**（cladogenesis）：由某一個演化譜系群分化為兩個或是多個子代演化譜系群的演化模式。

**分類群**（a taxon; plural: taxa）：生物分類學裡任一的分類單元，像是科、屬、物種。

**分類學**（Taxonomy）：將生物分門別類以及命名的學科。

**支序**（clade）：親緣關係樹中，由一個共同祖先與其所有的後代所構成的單元。

**外群**（outgroup）：並非研究者在研究親緣關係時的目標生物類群，但是卻是重建正確目標生物類群親緣關係時不可或缺的取樣生物類群，通常是以已知與目標生物類群親緣關係較近的生物類群做為外群。

**生態棲位**（niche）：生態學裡，生態棲位是指一個物種生存所對應的環境條件。它用來描述生物個體或族群對資源和競爭者的反應，舉例來說，當資源豐富時，生物或族群會成長；而當有捕食者、寄生者或病菌侵襲時則減少。生態棲位裡環境條件的種類與數量會隨物種而變，而它們各自對物種的重要性也可能會在不同的地理或生物脈絡下改變。

**同功性、同塑性**（homoplasy）：功能相似的性狀經由不同的來源（源於不同的共同祖先）所產生的，像是鳥和蝙蝠的「翅膀」。

**同源性**（homologue, homology）：不論外觀或功能是否相似，可追溯至相同祖先的特徵，例如蝙蝠的翅膀與人類上臂同源。

**多系群**（polypheletic group）：一棵親緣關係樹中，指稱兩個以上，彼此間並不共有最近共同祖先的分類群。

**多枝關係**（polytomy）：若親緣關係樹裡自一個內節點衍生出三個以上的樹枝，稱為多枝關係，通常暗示這些獨立演化中的分類群彼此間祖先與子代關係不明。

**系統分類學**（Systematics）：探討生物的自然演化的歷史，並依此將其分類的學科。

**姊妹群**（sister groups）：由某一共同祖先所衍生出的兩個支序，彼此互為另一個的姊妹群。

**表形圖**（phenogram）：特別用於表示分類群間形態相似程度的樹狀分叉圖；經由數值分類法所產生的樹狀分類圖。

**前進演化**（anagenesis）：一個演化譜系群僅演化出其直系後代而沒有分化為多個演化譜系群後代的演化模式。

**單系群**（monophyletic group）：一棵親緣關係樹中，一個包含了共同祖先以及其所有後代的分類群或單元。

**演化譜系群**（lineage）：指一段時空內繁衍的生物族群，也常常做為一個獨立演化中的物種或一個獨立演化中的支序的代稱。在親緣關係樹中，每一截樹枝就是一個演化譜系群。

**樹枝**（branch, edge）：親緣關係樹中連結任兩兩節點的部分；通常代表兩節點間分類群發育的演化過程。

**樹型**（tree, tree topology）：一棵親緣關係樹裡的分支形式。

**親緣關係、譜系**（phylogeny）：不同分類群自祖先衍生而來的過程，這個過程中包含了這些不同分類群分化的順序，以及分化的時間。有時候也會使用在基因的層次上，也就是基因分化的歷史。

**親緣關係學、譜系發育學**（Phylogenetics）：研究不同分類群間演化關係的學問。所謂的分類群間的演化關係，舉例來說像是祖先與其後代間的演化歷史。

**親緣關係樹**（phylogenetic tree）：用來呈現分類群間演化關係的樹狀圖形。

**騈系群**（paraphyletic group）：某一分類群其內所有支序雖然都擁有一共同祖先，但從親緣關係樹來看，該分類群並沒有包含該共同祖先所有的後代支序，而被遺漏的後代支序與其他源於同一共同祖先的後代支序彼此間的關係就稱為騈系（paraphyletic）。例如鳥與爬蟲類的關係就是騈系關係，因為從親緣關係來看，鳥與爬蟲類裡的龜、鱷、蛇等都有一個共同祖先，但鳥卻沒有被包含在爬蟲類裡，而是獨立稱作鳥類。在支序分類學的概念裡，爬蟲類因而變成了一個騈系群（paraphyletic group），不能夠做為一個合理的分類自然單元，需要與鳥類做合併。

**譜系圖**（phylogram）：不僅可表示分類群間關係，亦可用以推論分類群間演化歷史的樹狀分叉圖。在此種圖形中，圖中姊妹群內樹枝的長度可以用來指出發生於姊妹群間演化的改變量（例如，在分子親緣關係樹裡，指的是鹼基取代的數量或是其估計值）。

**鹼基、核鹼基**（nucleobase）：DNA與RNA當中配對的基本組成單元，組成鹼基對的鹼基包括腺嘌呤（A）、胸腺嘧啶（T）、鳥嘌呤（G）、胞嘧啶（C）、尿嘧啶（U）。配對的鹼基是組成DNA與RNA單體以及編碼遺傳信息的化學結構。

## ❖生物地理學部分

**古近紀**（Paleogene）：地質年代中的一個紀元，在新近紀之前，白堊紀之後，約始於六千五百多萬年前，終於兩千三百萬年前。古近紀早期全球氣候偏暖，末期則進入氣候較為動盪的情況，地理上，勞亞古陸和岡瓦納古陸於此時期進一步分裂。

**生物群系**（biome）：又可稱為植被氣候帶，根據優勢植被的類型來將相似的生態系歸類。目前世界主要的生物群系有凍原、針葉林、地中海硬葉林、高山和熱帶雨林。

**生物避難所、避難所**（bio refugia, refugia）：當生物遭逢巨變使得棲地範圍大幅減少，僅能殘存的少數幾處地點。

**地球擴張**（expanding earth）：膨脹地球說是假設地球上的大陸移動都是因為地球膨脹所致的學說。

**地理割裂事件**（vicariance event）：一個分類群因自然的地理阻礙而分裂成兩個或更多個地理亞區。這些自然地理阻礙事件像是大陸裂解、造山運動、冰河期或是洪水襲擊。

**岡瓦納古陸**（Gondwanaland）：地球上曾經存在的古大陸之一，由更古老的盤古超大陸碎裂而成，岡瓦納古陸在中生代開始解體，新生代期間逐漸遷移到現今位置。印度次大陸、非洲、南極洲和澳洲都是由岡瓦納分裂所產生的。

**板塊構造理論**（Plate tectonics）：由於地球外殼由板塊所組成，當板塊通過海底擴張和收縮而產生移動時，便會帶動板塊之上陸地的移動，也就是所謂的大陸漂移（continental drift）。

**特有的**（endemic）：一分類群被局限在一個特定分布區裡。

**起源地**（center of origin）：假設某一分類群起源演化之處，並隨後自此地擴散出去。

**高寒植物**（alpine plant）：泛指生存在地球高海拔地區，高山樹線之上的植物種類。

**第四紀**（Quaternary）：地質年代中最新的一個紀元，包含了全新世與更新世，約始於兩百六十萬年前。第四紀最主要的氣候特徵是不斷循環的冰河期與間冰期。

**勞亞古陸**（Laurasia）：地球上曾經存在的兩個古大陸之一，由更古老的盤古超大陸碎裂而成。當今北半球的主要陸塊，諸如北美洲、格陵蘭、亞洲和歐洲都是由勞亞古陸分裂而來。

**植物界**（floristic kingdom）：在更大的時空尺度上，將相似自然歷史的植物區系歸類而成的高階區系單元。

**植物相**（flora）：指分布於一定地區環境、地層或時代，在特定自然史脈絡裡形成的各種植物的總體。

**植物區系**（floristic region）：指植物在一定的自然歷史環境中演化發展和時空分布的結果。其劃分基本上是依據分類學和地理學，劃分時首先應考慮的是該地各分類階層的分布狀況，以及特有程度。

**植被**（vegetation）：一類生物複合體的概念，用來表示同一時地占據地表的所有植物的總稱，植被可以依據生長環境的不同而被分類，譬如高山植被、草原植被、海岸植被等。

**間斷**（disjunct）：關係相近或是同一個分類群，它（們）的分布在空間上被隔離。

**傳播**（dispersal）：一個生物從一個分布區移向另一個分布區，其過程並不是因為地球地質事件的影響，而是經由自然營力、生物本身或依賴其他生物所達成。

**新近紀**（Neogene）：地質年代中的一個紀元，在第四紀之前，大約始於兩千三百多萬年前，終於兩百六十萬年前。新近紀全球海陸配置大致與現代相同，也是目前大多數高山山脈形成的年代。

**盤古大陸**（Pangaea）：曾經存在於三億年前古老的超大陸，包含了所有已知陸塊群。

# 地質年代簡表

<table>
<tr><th>宙（元）<br>EON</th><th>代<br>ERA</th><th>紀<br>PERIOD</th><th>世<br>EPOCH</th><th>距今大約年代（百萬年前）<br>MILLION YEARS</th></tr>
<tr><td rowspan="17">顯生宙<br>Phanerozoic</td><td rowspan="7">新生代<br>Cenozoic</td><td rowspan="2">第四紀<br>Quaternary</td><td>全新世 Holocene</td><td>現代 Today～0.0117</td></tr>
<tr><td>更新世 Pleistocene</td><td>0.0117～2.588</td></tr>
<tr><td rowspan="2">新近紀<br>（新第三紀）<br>Neogene</td><td>上新世 Pliocene</td><td>2.58～5.3</td></tr>
<tr><td>中新世 Miocene</td><td>5.3～23.03</td></tr>
<tr><td rowspan="3">古近紀<br>（古第三紀）<br>Paleogene</td><td>漸新世 Oligocene</td><td>23.03～33.9</td></tr>
<tr><td>始新世 Eocene</td><td>33.9～56.0</td></tr>
<tr><td>古新世 Paleocene</td><td>56.0～66.0</td></tr>
<tr><td rowspan="3">中生代<br>Messozoic</td><td colspan="2">白堊紀 Cretaceous</td><td>66.0～145</td></tr>
<tr><td colspan="2">侏羅紀 Jurassic</td><td>145～201.3</td></tr>
<tr><td colspan="2">三疊紀 Triassic</td><td>201.3～251.902</td></tr>
<tr><td rowspan="6">古生代<br>Palaeozoic</td><td colspan="2">二疊紀 Permian</td><td>251.902～298.9</td></tr>
<tr><td colspan="2">石炭紀 Carboniferous</td><td>298.9～358.9</td></tr>
<tr><td colspan="2">泥盆紀 Devonian</td><td>358.9～419.2</td></tr>
<tr><td colspan="2">志留紀 Silurian</td><td>419.2～443.8</td></tr>
<tr><td colspan="2">奧陶紀 Ordovician</td><td>443.8～485.4</td></tr>
<tr><td colspan="2">寒武紀 Cambrian</td><td>485.4～541.0</td></tr>
<tr><td colspan="4">前寒武紀 Precambrian</td><td>541～4600</td></tr>
</table>

**特別說明**

1. 依據國際地層委員會 International Chronostratigraphic Chart V.2020/01 版加以簡摘。
http://www.stratigraphy.org/index.php/ics-chart-timescale
2. 本書針對地質年代的中文譯名，主要參考《普通地質學（上）（下）》（臺北：臺大出版中心，二〇一八）、《臺灣地質概論》（臺北：中華民國地質學會，二〇一六）以及「國家教育研究院」之官方網站資料 http://terms.naer.edu.tw/。容或有其他譯名，讀者可由英文原文比對之。
3. 關於翻譯用詞，科學上的用語有時並無一套官方認定的標準，而由於自由翻譯與使用習慣，加上中文翻譯在網路上較受中國大陸影響，常呈現多元現象。近來許多國內地球科學領域的學者開始致力在中英文的翻譯及編譯上。

春山之聲　016

# 通往世界的植物 臺灣高山植物的時空旅史

Worldviews: The Origin and Journey of the Montane Plants in Taiwan

作　　者　游旨价
插　　畫　黃瀚嶢、王錦堯
審　　訂　中村剛（生物地理學部分）、李建成（地質學部分）、李攀（生物地理學部分）、趙建棣（分類學部分）、鍾國芳（生物地理學部分）

總 編 輯　莊瑞琳
主　　編　王　梵
行銷企畫　甘彩蓉
封面設計　王小美
內文排版　黃暐鵬
法律顧問　鵬耀法律事務所戴智權律師

出　　版　春山出版有限公司
　　　　　地址：11670臺北市文山區羅斯福路六段297號10樓
　　　　　電話：（02）2931-8171　傳真：（02）8663-8233
總 經 銷　時報文化出版企業股份有限公司
　　　　　地址：桃園市龜山區萬壽路2段351號
　　　　　電話：(02)23066842
製　　版　瑞豐電腦製版印刷股份有限公司
印　　刷　搖籃本文化事業有限公司
初版一刷　2020年4月1日
初版九刷　2022年11月15日
定　　價　580元


Email　SpringHillPublishing@gmail.com
Facebook　www.facebook.com/springhillpublishing/

國家圖書館預行編目資料

通往世界的植物：臺灣高山植物的時空旅史／游旨价著
.一初版.一臺北市：春山出版，2020.04
面；　公分.一（春山之聲；16）
ISBN 978-986-98662-5-5（平裝）
1.植物生態學 2.山地生物 3.臺灣
374.33　　109002206

填寫本書線上回函

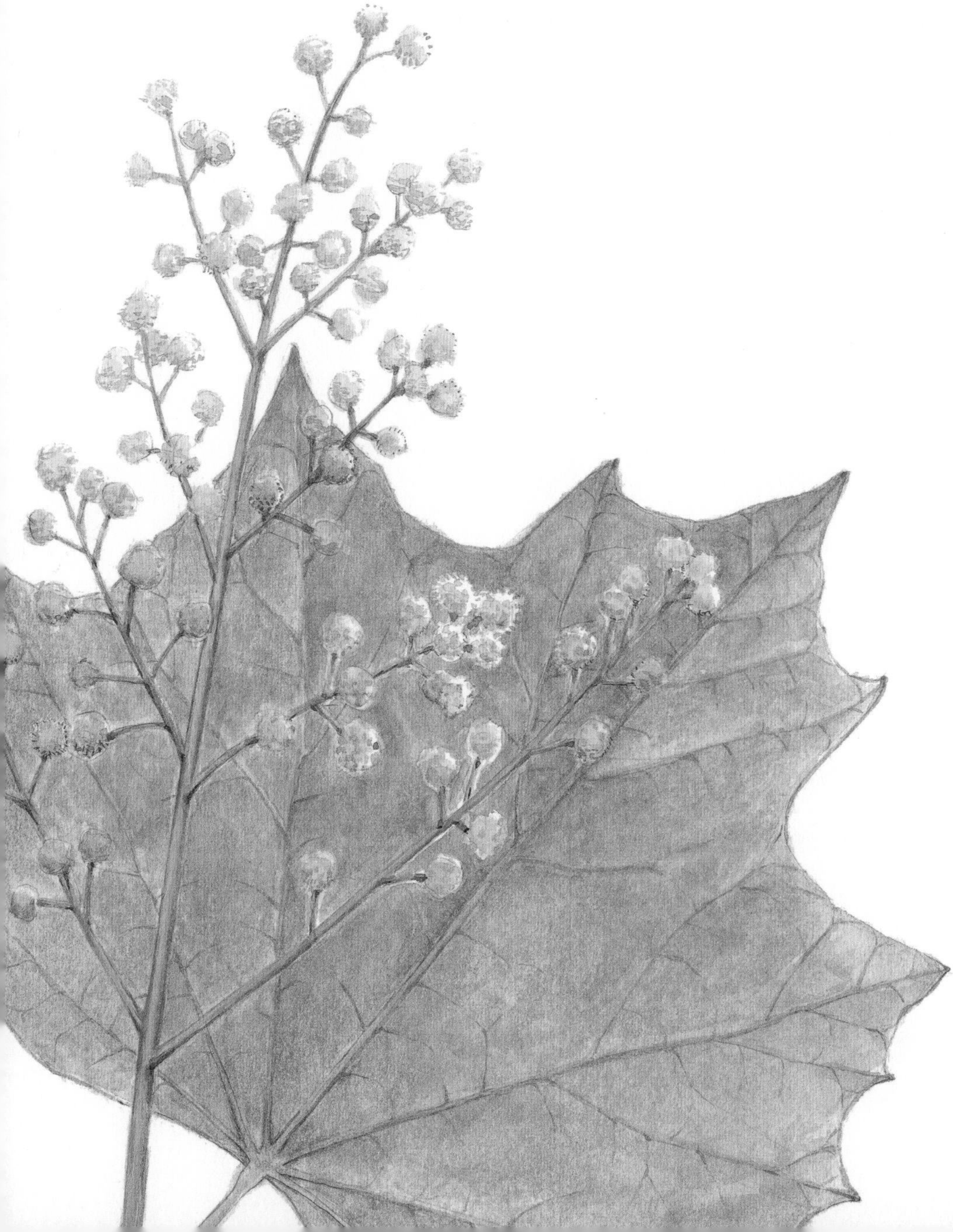

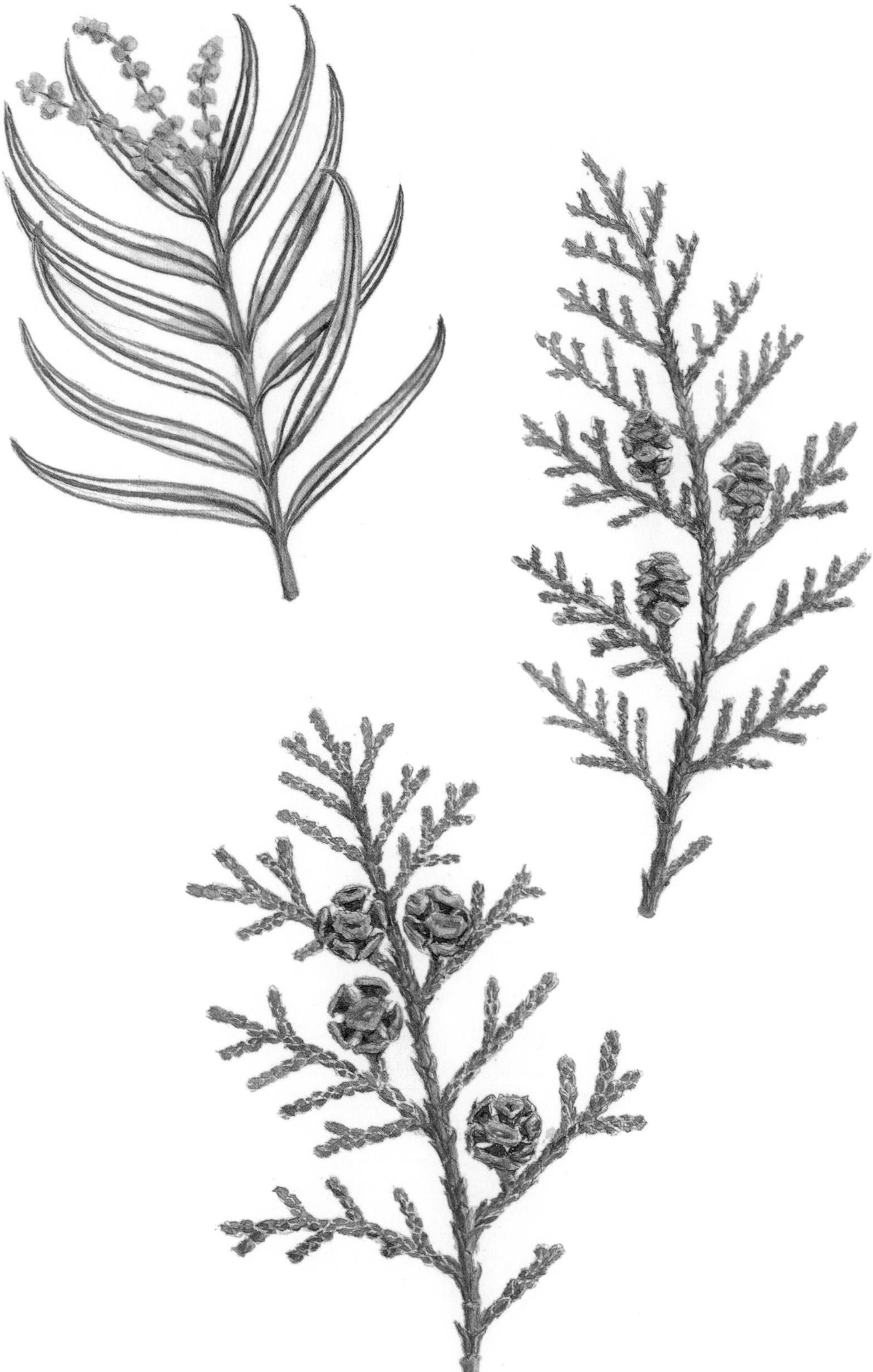

All Voices from the Island

島嶼湧現的聲音